零焦虑
摆脱负面自我

吴姵莹 ◎ 著

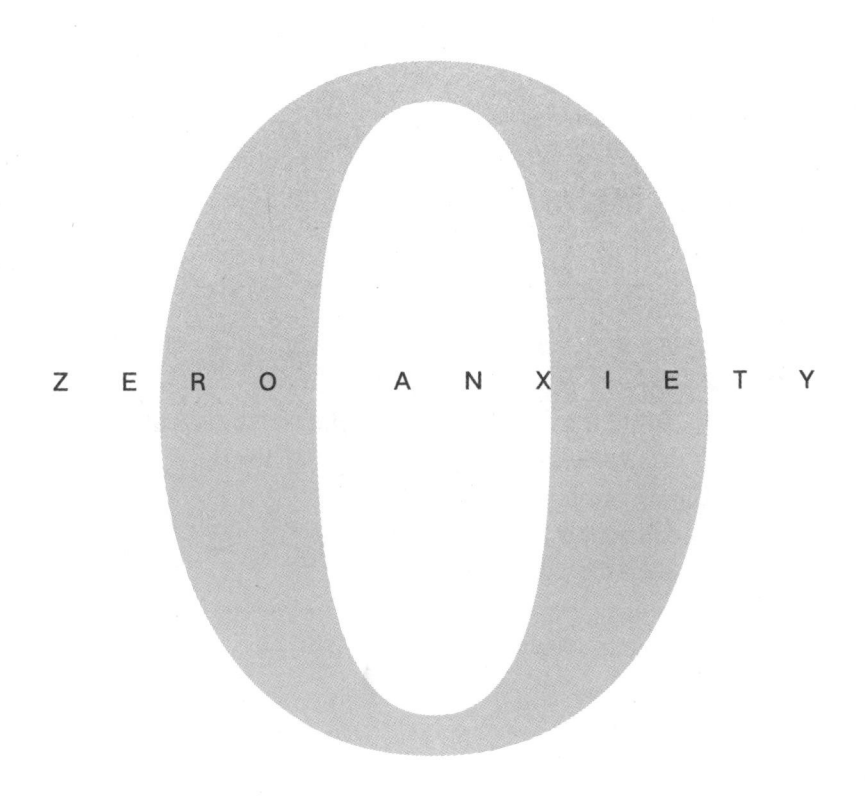

ZERO ANXIETY

文化发展出版社
Cultural Development Press
·北京·

图书在版编目（CIP）数据

零焦虑：摆脱负面自我/吴姵莹著.—北京：文化发展出版社，2023.6
ISBN 978-7-5142-3991-1

Ⅰ.①零… Ⅱ.①吴… Ⅲ.①焦虑-心理调节-通俗读物 Ⅳ.①B842.6-49

中国国家版本馆CIP数据核字(2023)第084673号

版权所有©吴姵莹
本书版权经由三采文化股份有限公司授权
文化发展出版社有限公司 简体中文版权
委任安伯文化事业有限公司代理授权
非经书面同意，不得以任何形式任意重制、转载。

版权登记号：01-2021-2389

零焦虑：摆脱负面自我

吴姵莹 著

出 版 人：宋 娜	策划编辑：孙 烨	责任编辑：孙 烨
责任校对：岳智勇	责任印制：杨 骏	
封面设计：YUKI工作室		排版设计：YUKI工作室

出版发行：文化发展出版社（北京市翠微路2号 邮编：100036）
网　　址：www.wenhuafazhan.com
经　　销：全国新华书店
印　　刷：固安兰星球彩色印刷有限公司

开　　本：710mm×1000mm　1/16
字　　数：130千字
印　　张：12.5
版　　次：2023年9月第1版
印　　次：2023年9月第1次印刷
定　　价：49.80元
ＩＳＢＮ：978-7-5142-3991-1

◆ 如有印装质量问题，请电话联系010-88275720

亲爱的，从此时此刻起，当你开始看见与觉察，你可以决定你是否愿意走出关系的焦虑，是否愿意用不同过往的眼光看待自己与他人。

祝福你，成为那位可以带给自己与他人安定的人。

目录
CONTENTS

自序：看懂情绪伤口，就能疗愈那疼痛 · I

Chapter 1

焦虑，
反映过去的心理阴影

焦虑，其实是为了保护你 · 2
与情绪同在，安顿散乱的心 · 12
无止境的担忧，来自"认同上瘾症" · 21
遗传自父母的焦虑基因 · 30
为何有人总能保持淡定？ · 40

Chapter
2

化解内心的负面自我，
在关系中成长

亲情焦虑：太亲近会窒息，太疏离又想念·52

　　情绪引导音频 1 ｜"设立情绪界限"练习·60

爱情焦虑：他爱我，还是不爱我？·62

　　情绪引导音频 2 ｜"沐浴在爱中"练习·71

约会焦虑：是什么让"爱"无法成形？·73

　　情绪引导音频 3 ｜"破解诅咒"练习·81

情感焦虑：总是忆起旧情人的焦虑感·83

　　情绪引导音频 4 ｜"好好道别"练习·92

人际焦虑：我在团体中会不会被喜欢？·96

　　情绪引导音频 5 ｜"替自己发声"练习·106

Chapter
3

释放情绪压力，
遇见最好的自己

权威焦虑：面对主管，总是不知所措·109

  情绪引导音频 6 ｜ "挣脱枷锁"练习·117

形象焦虑：若我不完美，就一无是处·119

  情绪引导音频 7 ｜ "直视他人"练习·127

竞争焦虑：若我不努力就输了，失去立足之地·129

  情绪引导音频 8 ｜ "自我肯定"练习·137

拖延焦虑：很多事要做，却力不从心·139

  情绪引导音频 9 ｜ "正念呼吸"练习·149

死亡焦虑：有一天，你会不会离开我？·151

  情绪引导音频 10 ｜ "阿拉丁魔毯"练习·160

Chapter
4

修正内在声音，
成为自己永恒的守护者

与焦虑保持距离："书写与视框移转法" · 163
修正内在声音："神明疗愈法" · 171
成为自己的英雄："拥抱内在小孩法" · 181

> 自序

看懂情绪伤口，
就能疗愈那疼痛

在写这本书的过程中，我一直想起许多与母亲互动的场景。

母亲一辈子生活在乡下，大半辈子受身体的病痛折磨，她的生命里有着无奈，却也用尽心力地养儿育女。母亲向来是个要求不多的女性，对身旁所有的人竭尽所能地照顾。即使是以她当时每周要三次洗肾的身体状况，母亲依旧会照顾自己，照顾家人。

我经常在思考，一个为家人如此付出的女性，一个那么努力生活的角色，又是为什么总散发着担忧，而我又为何不自觉也继承了这份焦虑感，让我在还未自觉的状态里，在情感中容易患得患失，在人际里担心被讨厌、害怕他人眼光，在工作上渴望表现被看见又害怕批评？

我总在想，一个人究竟要活成什么样子，才能真正地自在、真正无愧于心，才能不再焦虑自己哪里没做好、谁又要失望了、是不是不被爱了，才能真正找到内心的安定与踏实，又能轻松地与人建立联结？

经过这些年的自我探索，无数次的自我对话，也经过许多案例故事的综合讨论，不断从案主身上照见自己，我更意识到我们正不断复制父母身上的焦虑基因，而这些就是未咀嚼与思考的信念，直接由同一个模子印刻在我们的思考架构中。

"你高攀人家了。"母亲曾这样告诉我。

"……"我惊讶地看着母亲，这是在我与某任男友交往时，一次过年期间双方父母碰面后，母亲告诉我的一句话。

我的内心疼痛得无法言语。我从小这么努力念书，即便在课业上表现得多么出色，在乡下拥有多么令人羡慕的优异表现，却在那一刻被母亲否定掉一切。

即便我把这段对话告诉当时的男友，从对方身上得到再多的保证，也无法说服自己与对方真正并驾齐驱。即便他在关系中多么呵护与照顾，却依旧无法消除我内心那份对情感的焦虑、对自己的不信任。

经过了这么多年的自我成长，我才真正懂得，母亲并不是否定我，她否定的是她与父亲所建立的家庭背景。即使我们过的是丰衣足食的中产阶级生活，但与对方的家世相形之下却逊色许多，她那否定的话语，也是基于门当户对而来的担忧。

这份否定，在我尚未觉察时，总会唤起对自身价值的怀疑与焦虑。当每次对方条件稍微好一些，母亲这句"高攀"就会再度占据我的脑海，让我无法在互动关系中坦然自若，在关系解除时又耿耿于怀。

这句"高攀"的言语，不会只是一次性地出现，只不过在生命的河流里，它曾经如此显要，而一个人对自身价值的认定，往往是经年累月的重复逐渐形塑而成的，这份高攀的言语背后，是很多"生怕自己不够好"的情绪堆叠。

当你对自己的认知不够好，或经常怀疑自己时，自然会担忧他人的眼光，会需要透过他人肯定，而失去对生活、对自己的主导权，自然容易在各个层面感觉焦虑、缺乏安全感。

当我开始看懂心中的伤口，疗愈那份疼痛后，我也逐渐懂得，我的母亲从来不曾鄙视自己的孩子，她只是不懂得如何肯定孩子，更不懂得如何肯定自己。如果我的母亲还在，我一定会重新告诉她，没有谁高攀谁，她也是如此用心地养育我，使我成为一个很好的人，因此她是很棒很难得的妈妈。她即使身体长年病痛，对孩子的付出与照顾却从来没少过，她是值得尊敬的妈妈。如果一直以来，她也能受到大量的肯定，我相信，她也很有能力肯定孩子。

亲爱的，从此时此刻起，当你开始看见与觉察，你可以决定你是否愿意走出关系的焦虑，是否愿意用不同过往的眼光看待自己与他人。

祝福你，成为那位可以带给自己与他人安定的人。

/ Chapter 1 /

焦虑，
反映过去的心理阴影

容易焦虑的人，其实是心灵存款有破洞，
所以一直感受不到稳定的爱、安全感和自我价值。
想拥有自信，不是让自己拼命做什么来满足他人，
要回到自己身上，补起破洞，让心灵存款开始累积。

焦虑，其实是为了保护你

> 焦虑的出现，
> 是为了提醒我们在遇到真正的危险前有所准备。

本书将分三大阶段，一步步引导你看懂自己的焦虑情绪。接着，反思、检核你所遭遇的焦虑时刻和情境，并带你找到合适的面对方法。最后，陪你一起练习因应焦虑的终极心法。

第一章，我们将从第一阶段"人为什么会焦虑"谈起，焦虑究竟是怎么一回事呢？我将和你一起解析焦虑，带你看懂焦虑的成因，以及对你造成的影响。

焦虑是种警报

首先，回想一下，你有遇过以下的状况吗？

隔天就要完成报告，但你却脑中一片空白，或者一直找其他事情来做，就是无法面对现实。

明明你可能还不到生病的程度，但有时心中那股焦虑感发作起来，却特别难受。像是如坐针毡的感觉，当你打开电脑后，却无法控制地打开浏览器，浏览网页与电子邮件，而你心里清楚这并不能帮助你加快工作的进度，反而会增加你落后的焦虑，甚至强化你与他人比较的竞争焦虑。你心里强迫自己关掉浏览器，打开文件夹准备工作时，却又好像想起什么，非拿起手机不可，确认其他人是不是有传信息给你，确认自己传出的信息是不是被读取了。

或者你会站起身，走到厨房去为自己泡杯咖啡，但其实你十分钟前才刚从洗手间回来。你的心思难以专注，思绪非常散乱，你的大脑基本上难以专注地运作。

或者你过五分钟后又走进阳台，准备收拾两天前刚洗好的衣服，拿回房间后继续折叠整理；又或者你会开始清理收拾桌面，拿出吸尘器来吸地板。而这些看似焦虑又浪费时间的行为，其实是你在面对压力事件时，为自己找回一点被支持的联结感，或者能够掌握的掌控感罢了。

所以有些人在面对压力状态时，有一个常见、容易让人后悔又心生罪恶的行为，就是吃上高热量的东西，如盐酥鸡、甜甜圈、半糖的珍珠奶茶、洋芋片等。或者你会让嘴巴闲不下来，一口接着一口不停咀嚼食物，这些抓取与吞咽的感受，填饱了肚皮，有一瞬间会填充内心空虚的感受，因而让人具备控制感，但是代价就是吃完后隔天面对更多让人焦虑的负面情绪。

如果你经历过一个人莫名的焦虑感，相信你对上面的描述并不陌生。

焦虑有时候最令人烦恼的，是你容易觉得"时间不知道都耗费在哪里"，因为焦虑感会占据我们的认知空间，而挤压人正常思考的能力，因而你会觉得很难集中注意力做事。焦虑其实也是一种身心分离的状态，常显现出的行为是"你人在这里，但心不在这里"，你的思绪可能飘到遥远的未来，也可能受困在过往的经验里，让身心无法和谐共处、同在当下。

但是，亲爱的，我想告诉你：焦虑的引发，其实是一种保护机制。人只要对外在压力感到担心、害怕，焦虑的情绪就会自然流露。它的出现，是为了提醒我们在真正遇到危险前有所准备。当考试在即，焦虑就会拉起警报，督促我们开始做准备。所以，焦虑的出现，原先是为了保护你的情绪，可是怎么反而困住了你呢？

远离情绪的毒害

其实，"持续不断的焦虑"便会形成"有毒的焦虑"，而这可分为两种类型：一种是"极度焦虑"，让你只要碰到新的情况、变化，或是遭遇不幸事件，就会像缩头乌龟躲进壳里；另一种则是"长期焦虑"，让你每天面对一点点挑战都会吓得方寸大乱、毫无头绪。或者明明身处平静的生活中，你却总是拥有无止境的忧虑和烦恼，让自己一刻不得闲。

接着，我们再更深入想想，究竟是什么让你这么焦虑？

所有的事情都是从脑子想出来的，因此你要先好好观察自己的思想。

若你不曾静下来检视自己的念头，那么现在，请你稍微想一想，你大部分时间都在想些什么？脑袋都绕着什么事转？这就是有毒焦虑的关键所在，因为你脑袋里的思绪在"用错误的方式诠释现实"。

例如，你可能经常认为自己有义务担起整个部门的绩效，却忽略团队里每个人都有份，而过度担负责任；或者你经常觉得自己过得不好，而对生活有很多烦恼，拼命努力赚钱，但又一直觉得不够、不满足，结果因为一直达不到想要的标准，更觉得自己过得不好。

在有毒的焦虑中，我们为了掩盖焦虑的痛苦感受，或那股空洞又空虚的迷茫感，可能暴饮暴食或疯狂埋首工作，而出现另一种瘾头；或者出现爱钻牛角尖、犹豫不决、喃喃自语、眼神空洞呆滞的情况，甚至对很多事情失去兴趣等。英国知名牧师查尔斯·司布真（Charles Haddon Spurgeon）曾说："焦虑无法透支明日的担忧，只能消灭今日的力量。"所以，你必须学会不再让不真实的事物毒害你,学会让脑袋远离情绪的毒害。

如何判断身心是否已"超负荷"?

相信阅读到这里,你一定会纳闷,那到底要怎么做才能让"焦虑"成为保护自己的力量,而不是伤害呢?这些因焦虑所产生的行为,可能正悄悄地偷走你的时间与人生,但又为什么这些令人困扰的行为得以被保存下来?你要先清楚地知道,生命中所有被保存下来的行为,往往有其存在的必要性,也就是说,它是有功能的。我们先一起来看懂它的功能。

美国精神科医师丹尼尔·席格(Dan Siegel)曾提出"容纳之窗"的概念,也就是 Window of Tolerance,这是指一个人面对压力时,身心可承受的范围(请见下页图)。在此视窗的范围中,人的身心可以容纳适度的压力,能够放松自在、专心致志并拥有理智,有能力感受正负向情绪,且不会影响与他人沟通和解决问题。可是,当压力超出负荷、使一个人的身心处于"过度激发"的状态时,他就容易出现战斗、攻击,或者赶快逃跑的反应;当压力过小、使一个人的身心处于"过低激发"的状态时,他就容易出现无力、忧郁、麻木、瘫痪的反应,而表现出僵在原地、脑中一片空白的模样。个人"容纳之窗"的压力承载范围,则是处于"过度激发"与"过低激发"这两种状态之间。

身心容纳之窗

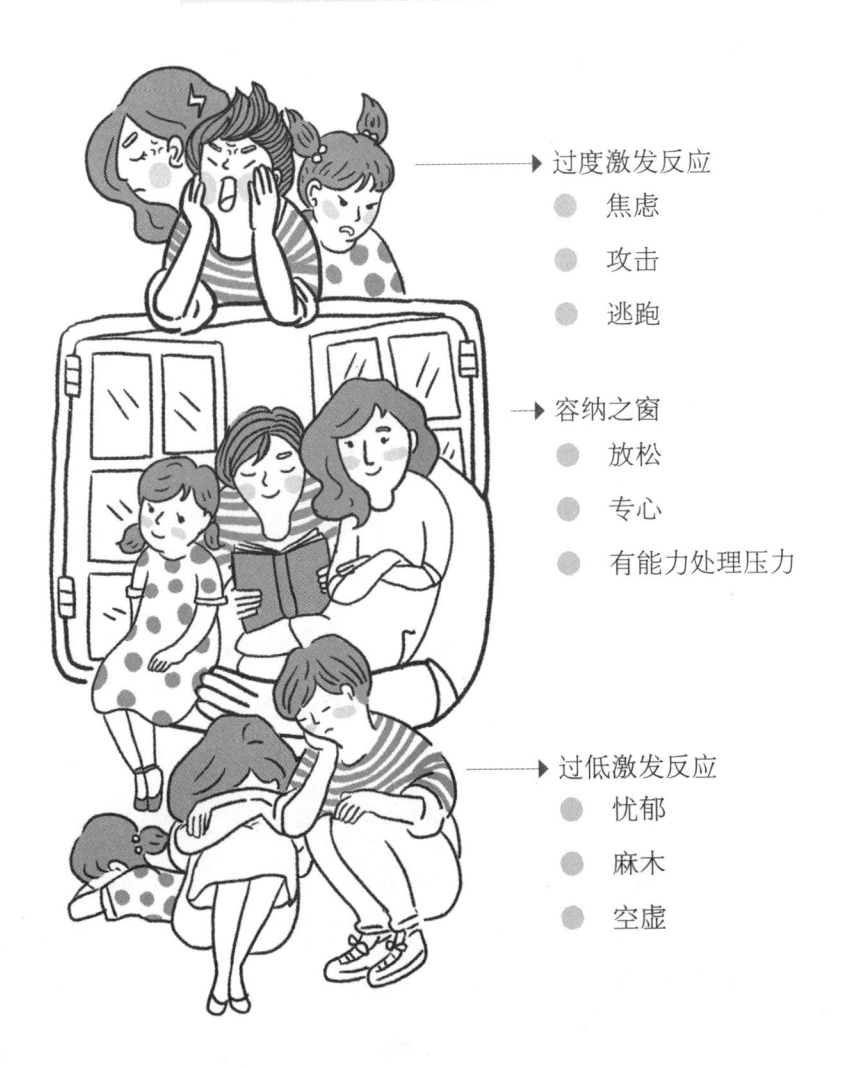

→ 过度激发反应
- 焦虑
- 攻击
- 逃跑

→ 容纳之窗
- 放松
- 专心
- 有能力处理压力

→ 过低激发反应
- 忧郁
- 麻木
- 空虚

"容纳之窗"是指一个人面对压力时，身心可承受的范围。当身心处于过度激发状态，就会想攻击或逃跑；当身心处于过低激发状态，就会感到无力或忧郁。

然而，每个人的容纳之窗大小都不一样，当人受创时，容纳之窗会变窄。若一个人的身心常常重复摆荡在过度激发与过低激发的状态，就会使身心不断受创，而导致承载压力的容纳之窗变得越来越窄的恶性循环。

不知道你有没有这样的经验，在某些场合你突然语无伦次，但离开那个场合后，你再次回想时，就开始自责，为什么自己刚才讲话毫无逻辑，明明已经准备了很久。或者，有时候你会因为一件小事，跟别人起冲突，克制不住地骂人或摔东西，但冷静下来后仔细想想，似乎事情也没有这么严重，自己显然过度反应了。

其实前者语无伦次的表现，就是身心处于"过低激发"的状态，你突然感到脑中一片空白，像是被冻僵一般，使得自己原本的能力或反应都无法好好展现；后者表现则是身心处于"过度激发"的战斗反应，它使你突然怒不可遏，忍不住心中那股气。当焦虑发作时，就会激发出我们战斗、逃跑或僵住系统（Fight、Flight or Freeze System）的错误警讯，并且通常在十分钟内，这些反应的强度就会到达巅峰。

如果某人焦虑发作时，他可能会出现僵住或魂不守舍的样子，又或者表现出极度恐慌或发狂的模样，而他还可能会害怕自己心脏病发作，或出现其他身体病症，因为这时的自己对于生理症状的感受是非常强烈的。

那问题来了，你觉得一个人身上为什么会持续地需要这套战斗、逃跑与僵住系统？如果这套系统是用来保护自己的，那究竟又保护了什么呢？

人们会持续出现的这些行为，往往是出自对环境的反应，也就是长期处于危险情境时，一个人需要具备这套战斗、逃跑与僵住的系统，才有可能存活。在面对生死存亡之战时，人们需要有敏锐的警觉和反应，赶紧逃走，才能保住自己的人身安全；也可能需要战斗去先发制人，避免自己被欺负得更惨；还可能需要让自己防堵外界的声音而脑中一片空白，接下来发生的事情才不会往心里去。为了让不好的事不会被自己记忆下来，出现身心分离的现象。所以简单来说，这些反应都是一种生存反应，很可能是因为长期环境的不友善，导致你的焦虑情绪和行为不断被强化而发生。

可是，这一切只能怪罪于外界的环境吗？我们又能为自己做些什么呢？

你所相信的，不一定就是真实

有时候，你需要提醒自己，如果真是环境问题，那你是否有办法离开环境，或减少与高压环境接触的机会？

然而有时候是，你早就远离让自己受创的环境，却依旧不断重新回到战斗、逃跑与冻僵的系统里，重复类似的环境，使得你持续在不断缩小的容纳之窗中，感到强烈的焦虑不安。

想象一下，如果你习惯战斗反应了，那你就容易觉得别人讲话都别有用心，因此当今天你提早到公司时，同事问了句："今天比较早喔！"你可能下意识地认为别人在批评你，而回应对方说："你是觉得我每天都很晚进办公室吗？""你自己又多早了？"但对方可能只是想跟你打开话题、打声招呼，却被你带有攻击性的回应给激怒。这时，你就为自己制造了更容易焦虑的环境，周而复始下，你的容纳之窗自然会越来越小了。

其实，在心理咨询的领域里，我们相信每个人都是自己的问题解决的专家，因此你一定具备足够多的知识与能力面对问题。只是当你太常摆荡到容纳之窗外时，在不断过度激发或过低激发的情况下，就会被压缩认知空间，使你无法如常地好好表达、好好做事。

心理学家葛莉亚·苏罗（Giulia Suro）认为，焦虑有很大一部分来自人们的"认知扭曲"，也就是我们受到社会环境或教育影响，而不自觉培养出的某些想法，将主导我们日常生活的一言一行，并不断制造与累积焦虑。"扭曲的认知是大脑的谎言，就像通过滤镜看世界一样，总是增强我们的疑虑或恐惧。"就如同刚刚谈到的"提早到公司"的例子，如果你认知扭曲地认为"所有人都是不友善的"，在内心制造并累积焦虑，这长期下来的思维，就会形成你看待世界的方式。但你以为的，却不一定是真实的世界，而仅仅是你一个人所相信的世界。

当你可以理解自己的容纳之窗，看见自己思维的方式，以及看见反复出现的情绪与行为模式，就能逐步帮助自己管理好焦虑。

在后面的章节里，我将带着你逐步了解与侦测自己的思维，再来调整思维与行为，最终帮助你达到身心合一，体验内在真正的和谐与平静。当然，想做到这点，有另一个重要的前提，要让自己淡忘受伤的感受，让过往的受伤经验不再被轻易激发，使自己再次陷入战斗、逃跑与僵住的状态，如此你才能破除焦虑的循环，让自己处于安全与安适的状态。

> Point of Lesson
>
> 每个人都是自己的问题解决专家，
> 你一定具备足够多的知识与能力面对问题。

与情绪同在，安顿散乱的心

> 情绪的存在，是让你去"感受"，
> 提醒你生命正发生一些事，要你去经历。

当人长期处在某些情绪下，除了会心神不宁外，也容易处于有毒的焦虑中，因此清楚理解自己的情绪并正确面对情绪，才能管理好你的焦虑。我会举生活中常见的困扰情绪，以及容易毒化情绪的心态，帮助你重新认识自己与认识情绪。

专注挑战，让心进入"心流"

首先，我们来谈谈容易忧虑烦恼的人。

你是不是个烦恼不间断的人呢？你是否为了未来能有好工

作而拼命努力念书，考上好学校后以为可以安心一点，却又看见时代变迁，担心未来从事的工作会被取代？你总是在做了万全的准备之后，在暂歇之际，又开始告诉自己："可是如果……""那万一blablabla……"，你的心总是一刻不得闲。

和你分享一个故事，六年前，我离开薪资优渥的外商公司，决定要独立出来创造自己渴望的舞台，然而，那时的我无时无刻不在慌乱和焦虑，不断担心忧虑着：我的能力够吗？我可以活下去吗？我真的可以吗？

太强烈的忧虑，伴随着"真的可能发生"的感受，让我一直自己吓自己，其实内在是一种"对自己的不信任"，不相信自己有足够的能力；更担心面对各种改变，自己是否有能力解决，即使想要掌控，却掌控不了，而衍生出许多忧虑。我的心思全部萦绕在焦虑与慌乱的情绪中，难以安静下来，就更无能为力了。

后来，我为自己找到一句自我安顿的话语："如果你开始紧张，就专心服务（Focus on Service）。"这是一套跟着我很久的天使卡里头一直让我记在心底的话。我需要刻意提醒自己天使卡中的这句话，让我重新回到专业的服务上。当思绪飞驰，我们往往就会耗费许多能量在这些"想象"上，无法花心思在创造与深化专业上；想当然地，心只会越来越慌乱，情绪也越来越恐慌，因为"想象"似乎会成真。

其实，心向来都不容易静下来。我们的心老是东晃西逛，大部分都环绕在与"我"有关的层面：我的念头、我的情绪、我的人际关系、谁喜欢我最新的脸书贴文？关心一切"我"生命里的琐事。而偏偏这些"我"，是我不喜欢的"我"。

《平静的心，专注的大脑》（Altered Traits）中提到，当我们不特别专注和努力时，"预设模式"就会被开启，预设模式让我们每一个人变成所知的宇宙中心，这些妄想从围绕"我""我的"片段记忆、希望、梦想、计划等开始编织起来，变成我们的"自我"感。当没别的事抓住我们的专注力，我们的内心涣散时，心就会飘移到令自己困扰的事情上，"散乱的心，是不快乐的心"。

因此，当你能专注于某一项挑战，让心呈现"心流"状态，那会是你表现最好的状态，而预设模式就会安静下来，"自我"也就能从喋喋不休中脱困。

如何抚平嫉妒又羡慕的情绪？

再者，我想跟你谈谈另一种让人焦虑的情绪，就是"嫉妒又羡慕"。

爱嫉妒又爱羡慕的人，通常也是充满焦虑的，因为这两种情绪都是出于对自己的不确信感。

当你常常觉得自己有所不足，你便经常看见他人拥有的一切，但你在羡慕别人的同时，却又不一定会仔细审视，他人拥有的是不是自己想要的。因为看不见自己拥有的一切，也不会意识到，自己认为理所当然的那些事物，其实或许也是他人想拥有的。

容易嫉妒的人，也容易比较，当然就容易焦虑，更容易自己吓自己。

还记得初三那一年，我是乡下学校里前几名成绩很好的女孩，跟一群同学参加第一女中的推荐甄试。从初中就知道自己数学不太好的我，对推甄其实并不抱太大希望，但大人总希望孩子可以去考个经验，反正最后总有联考这一关。

我至今对考试场景还印象深刻，一群女孩穿着自己学校的制服，蓄势待发又精神饱满地准备跟考试奋战到底。刚从乡下到城市的我，像是开了眼界，看到来自各个学校的"精英女孩"，我不自觉地紧张起来。

坐在我隔壁的女孩看起来很怪，但她似乎一点都不在意自己的外表，她用发箍将所有的头发绾起来，还用橡皮筋绑了小小一撮头发，戴着粗厚的眼镜，把短袖的制服袖子往上撩到肩膀。当时我想，这个女生一点都不可爱，我一定要在心里偷偷批评她，才不会被她的气势给吓坏，但其实小小年纪的我已经吓坏了。

语文考试开始了。语文大概是所有科目里，老师认为我最有能力拿高分的，我向来在语文方面也有不错的表现。我从小就被训练成考试机器，于是本能反应地看着考卷分配时间，依照自己的步调开始作答，最后再写作文。而就在我快填写完阅读题时，我瞟了一眼旁边那怪女孩，却惊觉她作文至少写了五行了，我便开始自乱阵脚、火速加油，胡乱写了一通。

拿到考试成绩后，语文这一科考坏了，我的推甄梦也甭想了，而当时最看好我的老师看着我的成绩便问我："你作文怎么会这个成绩，这不像你平时的表现啊？"我告诉老师："我还在写阅读测验的时候，旁边那个女生的作文已经写很多了，我一紧张，作文也写得乱七八糟了！"老师笑着说："你是良马还是劣马？"

那是出自初中时期念的一篇岳飞《论马》的课文："臣有二马，故常奇之。日噉刍豆至数斗，饮泉一斛，然非精洁，则宁饿死不受；介胄而驰，其初若不甚疾，比行百馀里，始振鬣长鸣，奋迅示骏，自午至酉，犹可二百里。褫鞍甲而不息不汗，若无事然。此其为马，受大而不苟取，力裕而不求逞，致远之材也。值复襄阳，平杨么，不幸相继以死。今所乘者不然，日所受不过数升，而秣不择粟，饮不择泉，揽辔未安，踊跃疾驱，甫百里，力竭汗喘，殆欲毙然。此其为马，寡取易盈，好逞易穷，驽钝之材也。"意思就是，良马不躁进，有选择、有原则、也不求表现；劣马则躁进、求表现，又囫囵吞枣，也无法到达终点。当时的我因为对自己不够信任，被身旁的人一刺激，就自乱阵脚、力求表现，而失去原有的水准。

后来推甄名单公布，我记得旁边那怪女孩的准考证号，果不其然，她并不在榜单上，而这一切都是我自创假想敌、自己吓自己的剧码。

亲爱的，综合前两个情绪与自我状态的描述，你会发现，当"自我"太多、太强、太弱、太杂，会升起许多烦恼和痛苦，阻碍我们去做真正想做的事情，或者眼前需要做好的事。因此，你需要帮助自己调节思绪，也调节"自我"的比例，着眼在当下眼前的事物，便有机会维持在喜悦的状态。因为我们在练习专注与执行中，让"心"有了不同的体验，就不会一直环绕在"我"的烦恼上了。

当忍不住开始嫉妒又羡慕他人时，你可以帮自己重新将眼光放回到自己身上，去挑选三个你喜欢自己的部分，包括：你认真地进行某一项专案、你用心地服务你的客户、你愿意精进自己的内在和专业等，这些都是你值得好好看向自己、称许自己的事，并不需要等别人来羡慕你，这些作为才被认为存在。

当你看不见自己，永远处在不满足、不喜欢自己的厌恶感中，你只会更加焦虑，而无法脚踏实地坦然于当下，自然陷入恶性循环里，陷在那不够好的过去、即将输给别人的未来，让自己焦虑爆棚了。

如何面对毒化情绪？

最后我想和你谈谈，什么是"毒化情绪"。

情绪的存在其实是很单纯的，它就是要让你去"感受"，提醒你生命正发生一些事，要你去经历。有时候情绪又多又满又难受，但那并不代表情绪很坏、你很糟糕，而当你觉得情绪很糟糕时，就代表你正在毒化情绪或抹黑情绪，让原本单纯的情绪变得复杂，也会让你感到"一有情绪，就会烦躁和焦虑"。

例如，当你在羡慕别人时，习惯抹黑情绪的人就会开始苛责自己："你怎么在羡慕别人？这样很糟糕，不是已经上过课了，应该知道怎么做，怎么还羡慕别人？"也就是当"羡慕"的情绪出现时，你无法忍受"出现羡慕情绪的自己"，所以你通过辱骂来压抑情绪，但这却让原本单纯的情绪，染上令人厌恶的颜色，因此你不会停下来思考，究竟你在羡慕什么、为什么需要羡慕、怎么做可以健康地不再光是羡慕。

抹黑情绪的习惯，往往是学习来的。可能在你的成长环境中学到"有情绪"是危险的，你的家人要求你"先把情绪处理好再表达"，却没教会和引导你"该怎么面对和宣泄情绪"，只帮你贴上"有情绪很糟糕"的标签，因此你学到了抹黑情绪的习惯，但这个习惯反而放大且黑化了原有的情绪。你则会因为情绪的一再累积，感到焦虑无比。

亲爱的，舒缓因情绪带来的压力与焦虑，你可以做的是：

●找到可以理解你的人

你要帮自己意识到,你希望他人陪你一起探讨情绪与感受,而非要他人解救你,或企图将情绪丢到别人身上。

●照顾你对待情绪的态度

停下对自己情绪的指责与厌恶,转为用中性平和的眼光看待自己。因为你需要的,就是好好地关注自己。

●让情绪有出口

例如,你可以透过书写情绪、为情绪写首诗、为情绪画张图、弄个杂志拼贴,将你的情绪做成作品。在你一步步把情绪具体化成作品,其实正是在逐步看懂情绪、承接情绪,你会慢慢感觉心里清出许多空间,并且也松了很大一口气。

情绪就是情绪,可能是你生活不如预期时,出现和占据你生活一部分的状态,而这时若你压抑与抹黑情绪,只会强化它的影响力,导致更强的焦虑。所以,你需要做的是:练习看顾自己的情绪,更看顾自己对待情绪的态度,就能自在与情绪相处了。

阅读到这里,你是不是对自己与情绪有了更深的了解呢?

本文中,我们谈到容易忧虑、嫉妒与羡慕的状态。若你在生活中常出现这些情绪状态,会心绪不定、产生强烈焦虑,能帮助自己的方式就是"练习专注",并练习"将眼光放回自己身上"。接着,要记住,情绪本身并不会让人焦虑,而是你看待与对待情绪的方式引发了焦虑。因此,当你不断因为情绪而产生焦虑,就是好好检视自己是否无意中已经开始毒化情绪的时候了。

希望你试着回到生活中,练习好好看顾自己、照顾你对待情绪的态度,进而好好地去感受你的情绪、面对焦虑。

> **Point of Lesson**
> 让人焦虑情的不是绪本身,
> 而是你看待与对待情绪的方式。

无止境的担忧，
来自"认同上瘾症"

> 你之所以无法停止焦虑，
> 也许就是因为你从不曾稳定地认同自己。

我在课堂上常有这样的经验，当我问学生："有多少人觉得，别人对你的称赞都是假的，对你的批评都是真的？"大部分的人都举手了，这也显示有许多人很容易对自己有负面观感，或者对于自己所拥有的能力、成就和价值，都感觉裹着一层伪装，总有一天有人会识破："我不过就是个空心菜！"

其实，有这些感受，不外乎是我们已经摄取了多年对自我负面评价的话语，转而成为对自己的否定和怀疑，像是："就凭你？你还是算了吧！""你不需要去做这些事，你也做不到这些事！""你真的可以吗？我觉得你还是省省吧，免得丢脸！"

大多数的人，在安全感课程的演练过程中，都很容易发现自己已经习惯对自己说出否定又伤人的话语，也一直感觉自己带着面具生活着。为了免除心中那份"我不够好"的魔咒，有些人拼命学习，却依旧逃不出这魔掌。

那么，你能不能问问自己：在如此焦虑又拼命的情况下，你究竟在追寻什么呢？是不是曾经有人提醒你要停下来，因为你的身体已经出问题，你也知道身边有人在消耗你、利用你，但你永远只跟自己说"好好好，我知道"，却总是停不下来？

越努力，焦虑越如影随形

首先，我想告诉你：你之所以无法停止焦虑，也许就是因为你从不曾稳定地认同自己。

在我的著作《做自己最好的陪伴》一书中，我把这种类型的人称作"认同上瘾症"，也就是他们会不断渴求他人认同，但内在的认同银行却无法储蓄，像是破洞一样，一下子补足了，过没多久又饥渴地向他人索取，因此他们经常处在无法停止焦虑的状态里，担忧自己可能会失去工作、失去朋友或失去一段感情。

虽然心理学没有明确这种病名，但我还是想用这概念来描述这广泛存在的现象。

因为不曾稳定拥有被爱与支持的安全感，你内心里容易充满恐惧与焦虑，总担忧着："如果我不够努力，就可能会被抛弃。""如果我不够认真、不够完美，将会失去他人对我的爱。"

虽然它并不一定像物质成瘾一样会直接破坏我们的神经功能，但在长期压力与焦虑情绪下，我们已让神经系统影响了心情的激素的内分泌系统，甚至连消化功能都会出现问题，也削弱了免疫系统，甚至阻碍自己认知思考的能力，困住身心的正常展现。就如同我在前文提到的身心容纳之窗，向外渴求认同的压力经常将你原本稳定的身心状态逼出窗外，因此让你的心思更难以安定，而恶性循环地使焦虑的情境不断在生活中重演。

我相信，你不太能理解的是，我这么努力，为何焦虑依旧紧追在后？

虽然你已尽量"做好"每一个角色，好女人、好女儿、好媳妇、好员工……但因过度忽视自己的感受，甚至忽略身心疲累与超支的警讯，其中的不良后果其实是失去自我，甚至失去身心的平衡。当你把认同建构在他人身上，期待又渴望他人对你的正向回馈，就容易在人际互动中缺乏界限，容易以他人观感为主；在依赖他人的认同维生的情形下，失去自我判断的准则，也失去自我价值感，以致自己只能在他人的眼光中沉沉浮浮，经常感觉挫败无力，不了解为什么自己已经很努力，却无法稳定获得认可，甚至其他人都看不到？

看到这里，你可能开始纳闷，究竟什么样的环境会导致"认同上瘾症"呢？

"认同上瘾症"的温床

在我的实务工作中，发现以下五种情形，容易让孩子在成长中缺乏自我感，又怀疑自己不被爱，就更容易成为"认同上瘾症"的高危险群，这些情形分别是：

●男尊女卑的家庭

女性经常因为地位低又没有价值，而感受到自我生存不易或被抛弃的危机，有时候为了生存以及获得认可，会拼命讨好他人。

●有过度优秀的手足

优秀的手足会直接挤压到大人对你的关注，让你觉得你怎么做都不如他们，也无法获得足够的认同。

●曾经有过被排挤、被霸凌经验者

被同侪排挤跟霸凌对自我认同的损伤很大，因为你无法在原本归属的群体里认识自己，即使感觉自己被群体接纳时，仍会习惯否定自己。

●严厉又缺乏支持的教养

家里有严厉权威的形象，很多事情必须以他为主，因此你不太有自由去做自己想做的事情，也不能有自己的声音。

●失去功能的家庭

在家庭里，父亲与母亲并没有担负起教养、照顾与保护的责任，他们可能生病、失和，或反而需要依赖孩子，而让孩子无法好好当个孩子，又让孩子觉得自己怎么做都不够，得不到足够多的肯定，成长的需求更没有被好好满足。

简单来说，就是在成长过程里，你经常长时间感觉自己的感受被忽略、被否定，你经常有会被抛弃的感受，这样的环境无法给你足够的安全感，也因为你没有足够归属感的保证，自我的成长就变得脆弱。

很有可能，你的父母在你的成长过程中缺席了，不论是物理的缺席，还是心理的缺席。有很多孩子童年时就被迫当着大人，因此而遗失童年，让自我无法好好长大，也让自我无法好好感受被爱，因此，终止认同上瘾症的终极做法，是你可以重新拥抱自己，给予自己安定得像是大人般的支持与抚慰。

爱自己的四步骤，找回内在的支持力

前阵子我在学习瑜伽与经络，老师特别提到身体排毒的时间是先阳后阴，在六腑之后才是五脏，意味着先泄后补。体内的毒素如此，情绪的毒素也是如此，需要先清除，再进补或滋养。

我在心理课程的设计逻辑里，总避免不了释放情绪的环节。因为那些"我知道却做不到"，或者"脑袋很硬不听劝"的人，通常都是被情绪困住的人，如此一来，再好的知识与技巧都无法被吸收。

因为当一个人充满负面情绪，就常处在闭上眼睛、蒙住耳朵的状态，自然也无法感觉心安，更难以感觉到爱了。或是，他们经常会说"我知道我父母他们很在乎我，可是……"这类的句型，往往代表着他们在关系里还有未处理好的伤痛。所以，在爱自己的步骤中，我们要先愿意承认悲伤与失望的心情，让这些情绪被释放与安抚，才能更清明地看见爱与感受爱。

"爱"一直都是最有力的疗愈，但它偏偏是强迫不来的感受，当它出现那一刻，你会感受到强烈的满足，感觉内心的空洞感被填补，也感觉到内心的惶恐被安抚，对人的怨恨被释放。

而"爱"的出现，会让你体验"幸福快乐"，一旦你体验到幸福快乐，接下来的人生，就能以此体验感为指标，进而可以决定自己是否要用相同的思维生活，是否要继续花大量的时间环绕在让你受伤的人际关系中，是否要调整你与人互动的方式，来因应这份爱的指标感。

因此我们可以更具体地来谈谈，爱自己的四个步骤。不论你是童年遗失，或认同上瘾，都可以帮助自己找回爱与力量。

●第一步：承认伤痛与空缺

当伤痛的感受被你承认后，才有机会被疗愈与卸载。因此你可以为自己逐条列出伤痛的事迹，好好检视内在空洞与空缺感。

●第二步：释放与安抚情绪

找到你信任与可以理解你的人，去谈你所看见的伤痛，当你的伤痛被见证了，你会感觉到逐渐释然。

●第三步：重新理解父母

当你的内在释放后，你能真正体会到内心深处的伤痛，才有能力理解他人身上的伤痛。我们身上所受的伤，不过是他人伤痛的复制。当你看懂这层伤痛，将有能力理解他们的忽略与失职，看见他们的限制。

●第四步：成为自己的内在父母

给予自己温和与坚定的力量，给予自己温暖和支持的话语，你就是最值得被自己爱着的个体，用你一直以来最渴望被对待的方式，好好对待自己。

以上四步骤，当然无法立刻达成，但你可以不断地提醒自己练习。当你回想起某一段痛心的回忆；当你又有对父母、对家人愤恨的情绪；当你心中又有不公平的感受等，都可以透过这四个步骤，帮自己找回内心的爱与平静。其实当我们可以跟自己和平相处，我们跟身旁其他人的关系就会越发和谐。

当然，你也可以透过与内在小孩的对话来疗愈自己，感受童年那个渴望被爱与被认同的自己，也可以感受自己正处于焦虑的情境中，透过以下的练习语来练习成为你心中渴望的大人。

这段练习语最重要的目的，是用同理、支持的话语跟自己对话，更重要的，是能够认可自己。开始之前，请先温和地呼唤自己：

嗨，×××，我知道你受委屈了，也知道你很辛苦，我知道你一直渴望有人理解你、保护你、看守你，我知道我忽视你的感受很久了，因为我必须要忽视才能感觉自己是安全的。

我知道我一直觉得你很不重要，对不起，我之前不知道怎么保护自己，而现在我长大了，我有能力了。我答应你，我会感觉你的存在，每天跟你对话、了解你、认识你，为你的不舒服发声，为你的不愿意拒绝。

最重要的是：同理、支持与认可自己，你就能为自己创造安心的氛围。当然你可以撰写自己喜欢版本的练习语，每天睡前跟自己对话。

所以，亲爱的，不论你焦虑地生活着、忙碌地奔跑的情形有多久了，我都想邀请你去看见原因，并且愿意停下来与自己独处、观照自己，如此你才有机会正视"认同破洞"的现象，并将破洞状态填补起来。当自己能给予自己稳定与支持，你能少掉许多因焦虑而追赶的状态，更能减少太过努力又不断落空的无力感，逐渐能掌控自己的身心状态，并化解认同上瘾的问题。

阅读到这里，我想你对引发焦虑的"认同上瘾症"，一定已有更深入的了解了。再次为你总结一下，认同上瘾症的高危险人群，来自缺乏稳定归属感、需求被忽略，或者感觉自己会被抛弃，不够有安全感的家庭。而面对受伤的自己，你可以练习"爱自己的四步骤"，持续不断地跟自己温和对话，不断认可自己，并给出持之以恒的爱，你就能降低焦虑，提升安全感了。

Point of Lesson　撰写自己与内在小孩对话的练习语，每天睡前跟自己对话，疗愈自己。

遗传自父母的焦虑基因

> 当父母容易焦虑,你就不自觉容易焦虑,
> 因为你还没有学习到不同于父母的思维方式。

容易焦虑的人,往往父母一方也有人容易焦虑,所以,身为孩子的你容易承袭父母的状态、思维方式、处理情绪的方式、面对人生的方式。我们一起来看看"来自父母身上的焦虑基因",让我们追本溯源,疗愈最原初的伤痛,帮自己从头找回安全感。首先,我举个例子,当你现在面对新工作,你会有什么反应呢?

● **泰然自若**

面对新工作,你有自信能处理好,就算有挑战也能因应。再深入去思考,为什么你能够泰然自若呢?很可能与你学习到面对事物的思维模式有关。你可能会这么告诉自己:"我办得到,反正兵来将挡,水来土掩,没什么事情可以难得倒我的!"是的,

因为这股有力量的思维模式,你由此有办法泰然自若。

●兴高采烈

对于新刺激,你总觉得能为人生带入新鲜空气,能为乏味又单调的生活注入乐趣。为什么你能够兴高采烈?很可能你觉得人生就像一个大型游乐场,你就是来玩耍跟历练的。你会告诉自己,去玩、去试、去闯,所有来到你生活的事情都是很棒的安排,不论是否符合你的期待。因为这股活泼的思维模式,你由此有办法兴高采烈。

●焦虑害怕

你对新工作充满不确定感,且容易想退缩、逃跑,或经常不知所措。为什么会焦虑害怕?很可能你觉得自己不够有能力、无法把事情做好,或不值得新工作、新待遇,你就是会把事情搞砸、同事主管就是不喜欢你。总之,你就是办不到。因为这股负面的思维方式,你焦虑害怕。

亲爱的,看到这里,你能开始思考看看这些思维方式是从哪里学来的吗?你真的是个性容易紧张、想法比较悲观的人吗?还是你其实也承袭了来自父母对待人、事、物的思维方式呢?

很多人喜欢问我,如果另一半家中有人有忧郁症,那会不会生的孩子就容易带有忧郁症的基因?他家中有人酗酒,会不会他的基因就是嗜酒?他父母离婚,会不会我们离婚的可能性也很高？这种现象会不会遗传啊？

有很多研究显示，精神相关疾病以及成瘾性的问题，确实与生物及其体质等因素有关。然而，在心理学上，我们更多讨论的，是他承袭自父母亲的行为、思考与情绪模式。另外，很多精神疾病与对药物、酒精的依赖性和成瘾性以及日积月累的行为相关的。

当父母之中有人习惯压抑情绪，在家中，情绪的流动就会被禁止，甚至不被允许讨论，自然成为一种家庭文化和氛围，形塑出个人的性格。

有些人刚毅木讷的外表，可能代表着对自己情绪的疏远；有些人看起来平静乖巧，但经常会在夜半磨牙或被噩梦惊醒。他们在清醒时候的自我意识是不允许情绪流露的，但在半夜里潜意识运作时，就需要大量释放出累积已久的情绪。

所以，当你的父母容易焦虑，你就不自觉容易焦虑，因为你可能还没有学习到不同于父母的思维方式，也可能还没破解父母身上焦虑的魔咒，而逐渐患上家族的通病。

因此，若要破解家族代代相传的焦虑基因，你就需要懂得这些焦虑行为背后的思维模式，更要看懂焦虑为人生带来的功用与好处。若焦虑对人们完全没有好处，它会被自然淘汰不再代代相传，就因为它有好处又令人困扰，才会造成摆脱不掉的困境。

三大常见的焦虑基因

接着，我们来讨论三大常见的焦虑基因。

那天高中认识的朋友来台北聚会，因为同为创业的身份，忍不住跟他多聊几句，才发现他最近因为跟合伙人闹得不愉快正准备撤资。这么大的事情他现在才告诉我，想必他自己内心也已煎熬一番。

结果他告诉我，其实这也是一个很好的时机，因为公司走向越来越不是自己渴望的样子，但大家都做得愉快，也不想因为自己的喜好，总要求公司走向一定要听他的。对于他的这段对话，我总觉得疑点重重，既然是自己的公司，即便是合伙状态，创办人的意见哪有不重要的？毕竟创办人的思维，就是一家公司的灵魂呀！

他对着我苦笑，这么多年下来也摸透了合伙人的个性，有些事就是讲不得、讲不通，他也不想再有更多的"谈判沟通"，每一次谈话都很累。重点是，当两个合伙人不开心时，全体员工的工作气氛都会受影响，也因此这几年他越来越闷，在公司的声量越来越小，他以为只要尽量努力工作，跟着另一个人的意思走，反正对方提出的意见，他跟着执行就好。在准备离开的这段时间，因为生活变动大，难免让他心情起伏，而一度觉得自己怎么会一蹶不振，或整日专注在没有生产力的事物上。矛盾的是，他一边想着要离开，一边又陷入恐慌中：我过去所有的努力要就此归零吗？其他人会怎么看我？我真的有办法离开创业圈，回到上班族的生活吗?

在跟朋友讨论的过程中，我发现基本上他已经一次集满以下三个焦虑拉环了。

● **失联的焦虑**

不想失去关系，而无法好好表达自己的想法，因为担心有冲突，就顺从他人的意见，这其实在华人文化中颇为常见，太多人在乎集体思想、在乎群体、在乎面子、在乎他人眼光。失联的焦虑造成最大的困境就是限制你的思想与行动，让你总是为大环境设想。

这类人常见的内在对话会是：

"这没什么好吵好争论的，就听他的好了，大家还要继续交朋友。"

"你一直提自己的想法，会不会太自私、太自以为是了？"

"不要让大家不开心，最后也会搞得自己也很不开心呀！"

这些内在声音其实是透过人情压力来让我们无法做自己，一旦做自己就要背负罪恶感，而倍感焦虑；多数人自小承担许多人情与礼尚往来的枷锁，也背负着父母恩重如山的观念，将自己跟他人或跟父母视为"一体"，无法被切割，也无法忽视内心一直呼唤着自由与渴望自主的声音，形成自己想要融入群体，却倍感痛苦的矛盾感。

可是即便这么痛苦，还是有很多人受制于人际情感的威胁，因为失连焦虑最在乎的是"维持关系"以及"取得认同"。

这让我的朋友想起小时候的家庭教育中，父母都是做生意的，因此某种程度他们都相信"和气生财"，本身在对待外人的个性上都偏向讨好、笑脸相迎。即使内心早就千百个不愿意，但因为保持关系的获利太大，让他们觉得即使在关系中吃亏，忍一忍也就过去了。

在关系中忍让，或许是华人关系主义下所认定的传统美德，但在关系中失去自我却是另一回事。如果忍让出自理解与包容，你说出来的话语依旧掷地有声，那关系自然能和谐又平衡；但如果是一味忍耐又失去话语权，关系只有表面的和谐，最终将走向灭亡。

● 失败的焦虑

因为决定要离开公司，他想放自己两个月的长假，但在想着要怎么规划离职后的生活时，他突然很害怕自己越来越废。他开始认识一些球友与山友，而这些人总是很轻松惬意地对待生活，没事就到球场找人聊天，有空就揪一群人去爬山，似乎都不会特别好地利用下班后与周末的时间，就是自在地投入休闲生活中，他因此开始怀疑是否要继续跟这些"不成功"的人往来。

这类人常见的内在对话会是：

"你不要浪费时间好不好，这对成功没有帮助！"

"你不可以这么废，人生就是要不断往前啊！"

"哭没有用，垂头丧气更是软弱，你赶快振作起来！"

这种内在对话我很熟悉，我从小的座右铭就是"业精于勤，荒于嬉"，因此不断念书、做正事才被认为是思想正确的，但背后那如影随形的鞭子，其实会压得人筋疲力尽。特别是我朋友正处在一个生涯转换又关系失落的阶段，一个人在适应历程里，很难总是充满积极的能量去完成每一件事。

在他的家庭中，充满着"精英思维"，他的手足都非常优秀，跟父母一样创业，自小也就念着第一志愿的学校，这股被文凭与成就驱动的焦虑，会让他停不下脚步，不断奔跑追逐，却不一定会获得自己真正想要的，只会获得让别人看起来还不错的社会地位。

所以这个失败的焦虑，有时候也是一种成就焦虑，认为应该每时每刻都戮力而为，不该对生活有一丝懈怠，这也是朋友在此阶段感觉痛苦的因素之一。因为他转瞬间变成他很不喜欢的模样，原本想轻松自在探索人生两个月，才刚开始投入休闲生活的享受，不只自己内在感到焦虑，连他身旁的家人也对他的不积极、不上进有很多评价。

这股焦虑的存在，会让人有往前的动力，却不一定关注你的天赋、你的喜好，但真正让人在事业上平衡又永续经营的，是真正理解自己的渴望。如果你能对事业发展出充满愉悦的动机，基本上运用这份快乐与天赋做任何事情都非常容易成功，但当焦虑钳制一个人，只会限制他的创造力，对于自己真正的喜好也只能选择压抑。

● 失去的焦虑

大部分我所认识的创业家，都很有自己的"观点"与"主见"，但在我朋友的身上似乎只拥有专业能力，却不太有所谓的"做决定的气场"。毕竟是自己的公司，如果你不擅长做决定，就会有其他人帮你做决定，或者由市场来做决定，最终总是会失去更多掌控性。看着他难做决定的状态，就不难想象，他很难下好离手，也不难想象他会紧抓不放，因为留下与离开都是困难的选择。

然而，再进一步去了解，除了前面提到害怕失败之外，其实他也很害怕失去，失去现在所拥有的，害怕自己一无所有。当曾经家道中落、为钱所困，或者有曾经一夕之间被剥夺任何与人身安全有关的事件发生，这些深刻的记忆会让人恐惧再次出现不安定的生活。因为对失去的焦虑，而需要维系和保有目前拥有的生活安定感。

这类人的内在声音往往会是：

"你放弃公司、放弃多年的心血，去当上班族会比较好吗？"

"继续走下去，再想办法就好，你为什么要想不开？"

"你不想想你几岁了，还要这样搞多久，你有本钱搞下去吗？"

这些声音很擅长制造出让人心智萎靡、有志难伸的感受。

你会感受到有一个无形的框架，从四面八方对你限制，而你只能无助又无望地待在原地，接受框架的限制与保护，因为这个框架同时也否定你的能力与资源，让你心中产生千百种无法改变的理由，因此你待在原地也不至于受伤太深。即使抱怨和无奈，总比跨出舒适圈的未知恐惧，来得更有控制感些。

坦白说，在我的实务经验中，这群人特别容易讲这些话：

"哎呀我不知道……"抗拒思考，也抗拒为自己的意识负责。

"我没办法……"所以其他人跟他谈了很多解决办法，最后通通都被否定后，其他人也只好闭嘴。因为这是抗拒改变，同时也在等待他人最直接的救助，只要有人可以帮自己，也就不会有这些难受了。

因此，有强烈失去焦虑的人，通常因为难以作决定，也非常害怕改变，而让自己继续待在充满抱怨、自己又不一定有作为的舒适圈中，直到环境逼迫个人做出选择，像是被裁员、失去市场竞争力，而让人被迫成长。因此他们被强迫的委屈感往往特别深，却不一定能真正为生命负起主动创造与掌握的责任。

亲爱的，在这里我用朋友的故事和你谈"失败、失联和失去的焦虑"，你会发现不只他，可能你的这三个拉环也集好集满了，因为这是人生最容易出现的三种焦虑，这也经常是代代相传的隐性基因，你往往在父母与家族的生活脉络中，可以清晰地看到它的身影，而你是否也从中看见自己焦虑的基因了呢？

这也是本书想要教会你的，先理解自己的焦虑源头，再学习安抚自己的方法，你就不用受制于焦虑的生存环境，而能活出自由自在的自己了！

> **Point of Lesson**
>
> 在关系中忍让，或许是华人所认定的传统美德，但在关系中失去自我却是另一回事。

为何有人总能保持淡定？

> 不容易焦虑的人，他们相信自己是有力量的，也相信自己并非总是一个人面对。

"不容易焦虑的人"，真是让人羡慕，究竟他们做了什么，能让自己在面对事情或让人慌乱的情境里，仍可以安然自在？我们总想象他们会有十足把握面对人、事、物，也猜测在他们自信风范背后，势必能力过人。

我在课堂上曾问学员："那些不容易焦虑的人做了什么？"有人立刻回答我："他们有支持的力量！"这是个有意思的说法，那么容易焦虑的人就是没有被支持的力量吗？有些人点头，有些人回答不出来。这个说法是对的，不容易焦虑的人，他们内心的力量够强大，包括相信自己是有力量的，也相信自己并非总是一个人面对，有后盾的支持感，会让人更具备行动的勇气往前走。相对来说，缺乏后盾的支持，则让人容易放弃，且畏首畏尾。

所以，你是否是个有能力、有后盾的人，并且能在适切的那一刻提取内心的资源去面对外界呢？如果是，你可能比较不会感到焦虑；反之，当你不觉得自己有能力且有后盾，又或许你觉得有，但不知道为什么自己在那一刻总是无力面对一切，那么，你自然会感到自己的弱小与焦虑不安，总是羡慕别人的自信光彩了。

心灵也需要存款

首先，让我用心灵存款的概念，来具体说明吧！

亲爱的，你有心灵存款吗？广泛地说，它是一种你曾经接收到的爱与关怀。不论它在哪一刻曾经发生，都可以存进你心灵的银行里。无论是那个曾经对你好的长辈、关怀过你的早餐店阿姨，或是家人、同事与朋友，曾经跟你有过友谊或共患难的联结，都可以成为你心灵的存款。

当然，在你感受到自己的心灵存款后，就会对自己更有信心，能看到自己对他人的好，他人是满心接纳的；也能看到他人对自己的好，而相信自己是值得的。这些存款的累积，能帮助你坚定对自己的信心与对他人的信心。

但是心灵存款，大多是来自身旁的人，尤其是我们亲近的对象，比如伴侣与照顾者。当我们能轻易地提取自己被疼爱与被理解的经验时，自然会认为我们是有价值的孩子、值得被爱的孩子。所以，在关系互动中被伤害时，我们知道有个"家"永远可以回去，那里总是有支持和爱着我们的人，而不会待在消耗自己的关系里，继续受伤。在这样的环境下成长的孩子，也比较容易信任身边的人，或者相信环境是友善的，容易建立或拓展生活圈。

"爱与归属"一直都是人的基本需求，当我们无法从家庭获得时，便会在爱情里索取滋养，或在工作方面追逐成就，而这不外乎都是在寻求一种群体的归属感和认可感，想知道自己在哪里可以获得价值、在哪里得以立足。因此，在爱与归属的需求满足上，我们很容易会发现，只要个人感觉匮乏，男性会倾向于寻找工作的认同和权力感；女性则倾向于寻找关系中被需要与被照顾感，却忽略了自己在匮乏追寻的过程中，身心已经失衡。这种被人"疼爱"与"理解"的经验若是匮乏，会影响到我们的安全感，而在工作或情感上过度付出且消耗自己。除此之外，这些经验通常会内化成我们对待自己的方式。

无法提取任何被人"疼爱"与"理解"经验的人，会经常出现"空虚"的感受。不仅只能单打独斗地面对人生，也经常无视于自己曾经有过的累积，一遇到不顺遂就很想要砍掉重来，感受不到自我价值、看不见自己的付出，就如同早期感觉自己不被理解和被晾在一旁的感受一样，有种"丢掉自己"的想法。

相信你也会觉得这种"缺乏心灵储蓄"的状态很辛苦吧！但究竟你是没有储蓄，还是没办法储蓄呢？从客观来看，究竟是没有人爱你，还是你主观认为没有人爱你呢？你有思考过这个问题吗？

在长达二十一天的"关系进化"课程中，我给了学员两次与心灵存款有关的作业（请见下面表格），让他们去比较课程前后的不同。这份作业的内容是：请写下你的心灵存款表，这包含了"爱的存款"与"伤的存款"。

1. **请你对每一个自己曾接收到的爱与支持的项目给出金额，当成你的心灵收入。**
2. **请你对每一个自己曾接收到的伤与痛苦的项目给出金额，当成你的心灵支出。**
3. **若有些伤与痛苦已被你转化、穿越与看见意义，则已成为心灵收入，请给出金额。**

在写这个作业时，学员往往有很多很深刻的觉察，包括他们在填写"收入"时，一个个爱的记忆会跑出来，才意识到自己的富有，更体会到身旁总是有爱包围。也有人在填写"支出"时，才意识到自己从小到大最深刻的痛苦就是"父亲外遇"，但她从未自伤痛中走出来。结果在父亲外遇之外，前男友劈腿、

/心灵存款表/

项目	心灵收入	心灵支出	创伤转化后的收入
1. 父亲从小对我的爱与支持	1200		
2. 母亲从小到大对我的爱与支持	1500		
3. 姐姐从小陪伴及成长过程中给我的爱与支持	3000		
4. 婚姻里,先生给予的爱跟支持	2000		
5. 在伤痛的时候,朋友给予的陪伴与支持	1000		
6. 前男友交往期间给予的爱与支持	1200		
7. 从父亲离世后,大伯父对我们的爱与关心	800		
8. 先生外遇		−3000	
9. 九年前,男友交往时跟别的女生搞暧昧		−2000	
10. 父亲外遇后离家多年		−3000	
11. 外遇后,看见自己在婚姻里与婆婆的关系及婆婆的包容,因而与婆婆关系变好			1500
12. 与前男友分手后,到国外去疗伤,回来后慢慢穿越了伤痛,也开始能再慢慢感受到爱			1000
13. 父亲外遇离家多年,后来生病期间照顾他,父女关系的转化			2500
			总计:7700

(单位:万元)

老公与同事暧昧等事件接二连三地发生，让她在课程中终于体会到，自己一直都处在"受害者"的状态里。往日看着妈妈长期忍受小三的存在，却又不愿意离婚，因此她觉得男人就是不可靠与不可信任的生物，所以在关系中她从来没有给过伴侣好脸色，不管伴侣多么呵护与照顾她，都被她视为理所当然。

因此从伤与痛苦的支出项目，可以看出一个人生命中一直过不去的"元素"。有些是被否定或被忽略的感受，有些则是与母亲相处时，从来不曾被母亲尊重过。当你看见生命中的伤痛，愿意转化伤痛，从中学习时，这些重复发生的伤痛，就能成为滋养你茁壮成长的土壤，帮助你长成大树。

例如，曾被"外遇"元素所困的学员，终于意识到她所有的意识都集中在伴侣的背叛上，使她看不见关系经营中真正重要的是彼此真实的理解与支持，是愿意成为彼此的后盾，她才真正看懂为什么父亲当时选择外遇。因为她善良又痛苦的母亲，从来就无法成为父亲的支持者，总是在关系里充当无助的孩子，等待着被照顾。

当她看懂关系脉络后，也才理解自己正在复制母亲的行为，也正在复制母亲的婚姻，在痛苦中她逐渐苏醒过来，不仅有能力理解父亲，与父亲和解，也开始渴望去修复自己的婚姻关系。

这也回应到我们上一篇所提到的"爱自己四步骤"，当你有能力了解伤痛在自己身上的影响力，进而修复伤痛，才能避免重蹈覆辙，也才能避免心灵存款不断出现破洞，以致对方给你再多的爱也无法满足的状态。

你的心灵存款出现破洞了吗？

我在实务工作中，经常看见"心灵存款出现破洞"的三大情形。

●以自我为中心

这类人觉得世界应该围绕着自己转，当事与愿违时，就会出现各种情绪，缺乏自我反思的能力，也觉得他人"应该"满足自己的期待。若再更细分自我中心的类型，又可分为三种：

第一种是自恋型。这类人需要在人际互动中，别人服从且听令于他。他往往拥有强大的个人魅力，不在乎他人的眼光与想法，这的确容易吸引人与他相处。然而，他怀有需要被别人服务的心理，这常会让他觉得事与愿违。每当失望产生，即使过往他人付出再多，在他心里对这个人的爱也会瞬间归零。

第二种是依赖型。我又称之为大宝宝，这类人总是习惯被照顾，又容易表现出楚楚可怜的模样，让人心生不舍。他内心里有个不愿长大的孩子，而这样的生命经验，基本上需要攀附着他人才能生存。在无法自己独立的情形下，即使他收入再多的爱，也无法真正成为存款，当照顾的人不在，存款一样会亏空。

第三种是受害型。也就是千错万错都是别人的错，我会变成今天这样子都是某某人害的、环境害的。只要遇到生活中的挫折与不顺心，他就会对身旁的人生气。例如，不小心将咖啡翻倒了，就责怪先生，认为是先生让自己心烦意乱、注意力不集中等。他的炮口总是对外，没有能力思考自己是否该负什么责任，当然，心情一不好，这类人的存款也就归零了。

以上三种人是被归类在以自我为中心的情形，你发现它是如何影响心灵存款的吗？

● 以他人为中心

就如同我们前面谈到的"认同上瘾症"，他会不断服务与帮助他人，觉得需要通过行动，去获取爱与被爱；一定要做点事情让别人开心，自己才有存在价值，并且不能让别人不开心，否则就会失去他人的认可。所以他的内心一直有自卑感在作祟，认为自己不值得拥有，别人给他的好都是假的，自己非常拼命、努力争取来的，才有可能是真的，而拼命之后若什么都没得到，也是正常的，没什么好大惊小怪。

不难想象，自我中心者与他人中心者经常会凑在一起，因为自我中心者很乐意被他人照顾并服务，同时也吝啬给予照顾和支持，正好符合他人中心者的内在假设；但付出久了又常被嫌弃，或得不到认可，终会将他人中心者推到崩溃边缘，决定老死不相往来，因此两边的心灵存款不只归零，还可能导致负债，造就彼此关系断裂与伤痛。

从他人中心者的自卑状态，以及常出现的人际互动，也可导引出最后一种心灵存款透支的情形——"关系断裂"。

●关系断裂

这是指在自己生命的历程中,曾经历多次重要关系的断裂,可能是与父母分离、亲密关系断裂,或者某些紧密的友谊断裂。多次关系断裂者,即使来自充满爱的家庭环境,也可能不再相信爱,因为对他而言,爱与被爱到最后都会导向分离,于是不想再让自己拥有爱的存款,拒人于千里之外。他不相信自己能再拥有美好,也不一定相信他人会真心为自己好,更不相信所谓的幸福快乐。

总归来说,这种情形是出于自我的不稳定,以及对自己、对他人,还有对世界诸多不信任,而这些不稳定与不信任,造成了心灵存款的破洞,使得发生在他生命中的那些美好都无法被储蓄。

谈到这里,我想你更想了解哪些情形会为我们带来心灵存款的破洞,你是否有这些情况呢?若我们真的想了解这些破洞是如何形成的,就需要理解这当中的运作机制。

心灵存款破洞的运作机制

在海芮叶·布瑞克(Harriet B. Braiker)《看穿无形的心理操控》(*Who's Pulling Your Strings?*)一书中,对"赞同瘾",也就是在前文里我提到的"他人中心者"或"认同上瘾症"有很细致的说法。他说："如果对你来说，得到他人赞同，不只是'希望达到的事'，而是'必须做到的事'，你很可能已成为操弄者的猎物。如果非要别人赞同不可，你就和其他毒瘾者一样容易控制。操弄者只要采取两个步骤，就能使你就范：先给予你想要的（赞同），然后，威胁你要将它（赞同）取回。"

亲爱的，你发现了吗？"操弄者会让你赢得他的赞同和接纳，然而，记住，就像所有的成瘾者，你是在'吸食'他人给你的赞同、认可，以及他人对你展现出的正面关注。在你的心理经济世界中，没有针对赞同设置的仓库或银行，那么，今天，不论你赢得多少赞同和青睐，都无法延续到日后；明天，你依然感到渴望受人赞同。"海芮叶·布瑞克提到的操弄者，通常就是"自我中心者"。

如果你的心理经济世界中，有一个个不同心理条件的银行，可能有认同、自信、勇气等，当你的心理素质越健全，心灵就能越富有。然而，当你不曾倍感安全地存放过认同，也没有真正安稳地感受过认同，就会让认同存放的基石非常不稳固，或者就像是有漏洞的存款一样，所有收进来的认同感，就只是过路财神，没多久你又会觉得自己贫困，又觉得需要去索取，才能不被这种贫困、匮乏给吓坏，这也是为何"认同上瘾症"会让你透支身心。因为心灵的贫困与巨大的焦虑，让你像失根的浮萍，总需要有人对你付出，来稍微稳固自己的身心。同样地，自我中心者在这游戏中似乎占上风，但当他不再众星拱月时，就会摔得一身伤，且觉得天崩地裂，在地基不稳的情形下，他的心底深处其实是非常焦虑的。

这一篇，我想告诉你，容易焦虑的人，其实是心灵存款有破洞，所以一直感受不到稳定的爱与安全感，也感受不到稳定的自我价值感；而要成为自信稳定的人，不是让自己拼命做什么来满足他人，而是要回到自己身上，去补起破洞，让心灵存款开始累积。

接下来，我们将进到第二阶段，我将导引你透过各种引发焦虑的情境，从中理解是什么原因引发你的焦虑，这很可能与你过往的伤痛经验有关。一旦你疗愈了情境中的伤痛经验，就能帮助自己把破洞补起来，因为你懂得保护自己与关照自己，就不会持续受伤、持续让自己暴露在大量焦虑里。

在之后的第三阶段内容中，我将帮助你补充存款与正能量，让你有充足的内在力量，迈向自信人生。

Point of Lesson　当你的心理素质越健全，
　　　　　　　心灵就越富有。

/Chapter 2/

化解内心的负面自我，
从关系中成长

当你无法面对现在，不去处理当下身心所承受的情绪，
只会让焦虑不断蔓延。
你要能抓住自己，好好面对与看清楚问题，
并且安抚情绪，才能避免活在不满意的关系中。

亲情焦虑：
太亲近会窒息，太疏离又想念

> 如果对方不再控制你，关系就不会变得负面或复杂。
> 但真的是这样吗？

你是个容易受到情绪勒索的人吗？

我们会受到情绪勒索，往往是因为自我的组成中，有太多他人的声音，也有太多对自己的否定、阴影，而带来自身的羞愧感和罪恶感。你会感觉到被情绪勒索，是因为再也无法忍受自己身上的"罪恶感"，以及对他人要求自己非执行不可的"被迫感"。

当你没有看到你与他人这层情感的互动，以及感受的层次，你便容易认为都是对方造成的。

如果对方不再控制你，事情就不会变得这么复杂。但真的是这样吗？

当你开始看懂自我，你会发现可能出现以下两种情形：

第一，你无法拒绝妈妈或家人的要求，可能是因为你内在就有一个妈妈人格。对方经年累月的想法已在你的内在塑型。在长期灌输与洗脑的状态下，你已经认可这些信念！

第二，你可能有完美主义，总是觉得自己不够好，只要他人嫌弃你一下，你就逼自己一定要证明自己。如此一来，你就会因为自己不够好的"羞耻感"，转而接受被他人操弄的"被迫感"。

我们再深入去思考，除了因为母亲是照顾者之外，是什么更强化母亲对你的影响力呢？如果拒绝不了母亲，你拒绝得了父亲吗？你说你有完美主义，又觉得自己不够好，是什么让你养成这样的性格特质？

接下来，我想和你从两个层次去探讨"亲情焦虑"的现象。第一层次是"家庭关系与结构"，第二层次是"自我结构与界限"。

亲情焦虑的第一层次：家庭关系与结构

当你陷入复杂的家庭关系，你会易于困在情绪勒索的痛苦中。你还记得前面的提问吗？"如果拒绝不了母亲，你拒绝得了父亲吗？"你也许会发现，你不只拒绝得了父亲，可能有时候还会不自觉将父亲排拒在外。如果你自然有这些反应，那就代表你已卷入父母的夫妻不协调中，因此你总是想亲近母亲、帮母亲分劳解忧，甚至偶尔会视父亲为母亲的敌人，跟母亲越来越亲密，转而使母亲一有许多不满就往你身上倒。

大部分承受父母的情绪勒索与控制困扰的孩子，往往拥有与自己过于紧密的母亲，以及过于疏离的父亲。因为父亲的缺席，你不自觉地成为母亲的情感支持者，以及各种家庭问题的解决者。久而久之，你承担了家里很多的责任，而这往往不一定是事务或经济相关的责任，更多的是如何让家人开心的任务。

因为你从小就承担了这个责任，当然会有很多压力与挫败感，而容易导致你"不觉得自己能力够好"的弱小感，因为你好像从没达到"为母亲分劳解忧"的最终目的。但你很清楚的是，只要你做不到母亲的要求，母亲肯定不开心，而逐渐形塑你的完美主义。因为最根本的问题是，你从来就难以肯定自己真的尽到了"孩子"的职责，因此一直容易感到羞愧或罪恶感。

为什么你这么努力了，却始终感到挫败、羞愧，有罪恶感呢？亲爱的，其实，一个孩子根本做不到"丈夫"的功能，而真正让母亲痛苦的，是对伴侣的失望与失落感，这些情感孩子本来就承接不了。但当母亲在亲密关系中失落，就会将心中满腹的爱与期待，转移到孩子身上，因而对孩子过度付出、关心与照顾，进而有严格的要求。或者，将难以改变伴侣的无力感，转而改变孩子，要求身为孩子的你事事都照妈妈的意思走，从工作与伴侣的选择，到日常的饮食和穿着等。

你要先看懂自己在家庭的位置，也就是你已经从"孩子"跃升至"伴侣"的位阶。而在看懂家庭的关系结构后，你要问问自己："我想以及我能如何选择呢？"

在受到亲情情绪勒索的痛苦，以及跳脱后的未知和恐惧之间，往往更多的人会选择站在熟悉的位置上，持续以往的关系模式。这其中的困难之处在于，当你待在这个位置久了，便会觉得越来越安全。毕竟在现存的关系模式酬赏中，你获得了重要的"被需要的关系认可感与归属感"。久而久之在被喂养的情形下，我们会开始与母亲的情感共生，一面觉得纠结痛苦，一面觉得安心，却又无力去拓展生活的其他可能，你就会一直当母亲心中的好孩子了。

看到这里，我想你不难想象的是，家庭关系是如何形塑一个人的人格，以及人际互动模式。之所以我们觉得关系中有情绪勒索，主要还是因为这是一个特定又紧密的关系，以及两方有不同的想法意愿，而你无法好好地拒绝。因为你的拒绝会伤害对方，等同于伤害自己，你与对方已经是情感共生的个体了！

亲情焦虑的第二层次：自我结构与界限

再者，我们来谈自我的部分，讨论自我结构与界限，让你了解人我互动情形。

其实从家庭互动中,已经形塑了自我结构,这对孩子有两个层次的影响。

● 自我被压抑

若情感失落的母亲有控制欲,就会限制孩子自我成长、有自己的想法和意见。而孩子为了取得母亲的认可或维持关系的和谐,就会顺服于这种受限的教养,逐渐忘记自己的声音。从不敢表达,一直到不知道怎么表达,最后不觉得需要表达。然而,当一个人的自我被压抑,连带生命力与创造力也会受压制,更容易活出一个不属于自己的人生。

● 自我被挫败

对孩子而言,照顾者就是全世界,当孩子不断努力献殷勤、当乖孩子,却不能换取照顾者的幸福感时,孩子内在会产生强大的无能与无力感。他会觉得自己做什么都不够,但又因为获取不了足够的认可感,而拼命做事。

无论何种影响,当自我被压抑与被挫败,都会形成一个人对自我的感觉不良好,同时又容易对自我的存在产生模糊感,而更难以与家人拿捏舒服的界限。因为良好的界限需要有清晰的自我感,知道自己的感受与立场,并且能适切地表达。因此,有太多人最后选择疏远家人,甚至疏远任何人,因为当对方靠近时，他会感到不断被索取、要求与期待，这种感受太痛苦。但当你所感受到的痛苦越强烈，就越需要学会如何设立界限来保持舒适的关系。

如何解除你的亲情焦虑？

最后，我要好好和你探讨"界限"议题，如何辨识界限是否被侵犯，以及如何设立界限。

当自我界限被入侵时，你很容易会听到对方说：我这是"为你好"？这是在乎跟关心你的表现，你不应该违抗！那我们究竟要怎么看懂自我的界限是否已受人侵犯呢？

简单来说，这时候，你的焦虑会现形，你会局促不安，甚至脑海里有各种想象和担心，你会开始不停地想："他怎么会这样说？""我这样做可以吗？""可是他会不会……"

举个很轻微的例子来说，比如妈妈看到你今天的打扮，对你说："你怎么不好好照个镜子，这样很难看！"接着你开始自我怀疑，又有点愤怒地想："这有什么吗？是不是她讲得对？还是我太固执又不听劝？"你的脑海中会出现各种情境，甚至是灾难式情境。也因为这句话，你对自己、对未来，甚至对关系都充满焦虑，然后也有点无助地想着是不是真该听妈妈的劝。

这句话之所以轻微，因为它还不及"你怎么辞掉这么好的工作，你是疯了不成？"或者"你怎么嫁这种老公，你下半辈子根本毁了！"这种话不停在人生重要阶段出现、各种左右你心智，并要你依照她的忠言去听话或执行。

然而，忠言无论轻微与否都会造成你的焦虑。除了感受到那被越界、自由被压缩的焦虑外，还有若不讨好就会有麻烦的恐惧，同时，加上你不一定可以为自己所有的行为负全责的担忧。因此，你依旧依赖这些话给你方向，或给你被爱、被关心的感受，有时也害怕自己不听话会后悔，无法承担责任。

当你的界限被侵犯，其实你的内心都知道。你的焦虑点在于：你知道你的想法或行为，跟别人预想的并不一样，但你并不一定想遵循其他人的思绪走，你想按照自己的方式方法执行，但你不够有把握或肯定自己的现况，或者你很怕让对方不开心，因而无法把持住亲情的界限。这时，你的心会通过"焦虑"的反应来让你知道。其实你渴望的，就是被他人好好尊重与认可，也就是，不论你做什么都相信自己是被爱着的，你也就不用感到不安了。

当然，有些家人是不容许被拒绝的，因为他们将拒绝视为"否定他的身份与他的爱"，而你可以做的是"维持关系联结的不合作运动"，也就是拒绝母亲那份要求，而不是拒绝母亲这个人。这让你依旧能与母亲保有联结，而这份联结可以从关心母亲的日常生活做起，像是告诉她："妈，饭煮好了喔！""要吃水果吗？""早点睡喔！""今天温差大，外套要记得穿喔！"

或者传信息时，可以在生活层面上持续传递你的关心。

当然，你可能会换来对方的冷处理，但千万要记得这冷处理的关系模式，一种是她控制的手段，知道你可能会承受不了关系的沉默与没有互动而屈服；另一种则是她还在消化因关系转变而带来的失望、愤怒，在清楚自己可以怎么互动之前，她并不知道可以怎么应对。

因此，你可以带着这层理解，慢下自己的脚步，不要求母亲立刻适应关系形式的转换，也不要求她立刻接受你位置的调整，反而需要要求自己，先适应关系改变过程中的不适，包括孤单、害怕等各种煎熬的感受，让自己调整好，有能力继续与母亲维持联结，即便是单向的互动也好。

当她有一天发现冷处理的方式已经无法改变你，无法让你照她的意思走，你依旧是不合作的立场，且依旧是那个爱母亲的孩子时，她就需要调整自己在关系中的姿态，去学会适应关系的改变了。

所以亲爱的，辨识亲情越界后，我们有很多自身的功课要做、要负起责任，包括：相信自己、勇于选择和负责、尊重自己且更尊重他人，而且保持适切的联结、给出爱。当你认清自己，那条与人之间的线自然就越来越清楚了。

> Point of Lesson
>
> 当你的界限被侵犯，
> 其实你的内心都知道。

情绪引导音频 1

"设立情绪界限"练习
关照自我感受，卸下与己无关的责任

深呼吸，吐气。再呼吸，吐气。每一次的呼吸，都让自己更放松、更轻松。每一次的呼吸，都让自己更自在、更安在。

现在，请你想象自己住在一栋房子里。你环顾四周，都是你喜欢的摆设。让你舒服的厨房、客厅，喜欢颜色的沙发、窗帘、地板、墙面。你环顾四周，对这里的环境心满意足。

现在，请你移动到门外。在你的屋子外，有一处舒服的前院，有着清爽的草皮，还有木头的围篱，也漆上让你舒服的颜色。你站在屋子前感受你的领地，这是你的地盘，也是你的责任，你的责任就是管理好这一片属于你的领地。

放眼望去，你的邻居也有自己的围篱、前院和房子。现在，请把邻居想象成那一位难以拉开界限的家人。

请你在原地观看着他，也请观看着他的家园。远远地，你看见他的神情有些落寞、孤单，有些无助或愤怒。他的家园看起来有些荒凉、有些凌乱，他与他的家园看起来很需要帮忙。

请你依旧远远地看着他。当你感觉揪心,请深呼吸来放松情绪。吸气,吐气。吸气,吐气。接着,请你在原地对他送出微笑与祝福。

当你感觉难受,有罪恶感,再一次深呼吸,来放松自己。吸气,吐气。吸气,吐气。继续保持在原地,对他送出微笑与祝福。

好,当你准备好了,你可以让自己慢慢地苏醒过来。

心灵提醒

这个练习最主要的目的,是让你了解自己的领地是自己的责任,他人的领地是他人的责任。当你有感觉,往往代表你有罪恶感与愧疚感。透过呼吸与自己身体的接触,把自己拉回来,观照自己的感觉。如此,当你清楚自己、观照自己,就能设立情绪界限了。

爱情焦虑：
他爱我，还是不爱我？

> 你以为只要付出得够多，就能有被爱的保证，结果经常在爱里失去自我。

在爱情中，你容易感到焦虑不安吗？当对方已读不回时，你心中升起的想法、感受又是什么呢？现在让我们来好好地谈谈。

你经常不确定对方是不是爱着自己，更不确定自己是因为什么而被爱吗？这些在情感中的焦虑状态，会驱使你做出许多不理性或失控的行为，导致那渴望亲近的心反而将对方推远。例如，当对方已读不回，你若是自我感不稳定，就会开始患得患失，无法自拔地猛传信息，或着一怒之下封锁对方。

让我再次提醒你，自我感就是你感觉自己是个什么样的人，是不是够好、值得被爱的个体。

你的"讨好",未必是对方需要的

首先,我们就来谈谈,在情感中有不稳定的自我感,会如何影响关系?

当我们生命早期总是接收到被拒绝与忽略的信息时,自然会以相同的方式对待自己。如果你不曾感受被疼爱,就会一直在亲密关系中寻找被爱的感觉,造成有些人对关系执着、放不下,或通过不断讨好另一半来感觉安心,以为只要付出得够多,就能有被爱的保证,但结果经常是在爱里失去自我,也失去吸引力。

你也会通过讨好来讨爱吗?这其实是被焦虑驱动的行为。我的一位朋友丽莎,就经常在关系里讨好对方,有一次的对话让我印象深刻。

丽莎告诉我:"我每次去他家里,就克制不住想帮他整理房间,洗衣服晒衣服,收拾洗碗槽里的脏碗,帮他做资源回收。一开始他还会阻止我做,但后来他家里东西越堆越乱,每次我去他就直接在沙发上玩手机,似乎也等着我去帮他做家事。"

"我发现,我好像让自己的位置从女友变成了女仆,但我到底该怎么办?"丽莎很着急,但似乎还有点自我觉察,便问我究竟该怎么做。

我问丽莎:"做家事会让你开心吗?"

丽莎苦笑着说:"怎么有人做家事会开心啊,我自己的房间也没这么整齐!"

我又问她:"那你为他做家事是在讨好他吗?"

丽莎点点头说:"对呀,我好像总需要做些讨好他的事情。"

我又接着问:"他有希望你这么做吗?"

丽莎回答说:"没有。"

我问:"那做得这么累之后,他又没有感谢你,你心里又是什么感受呢?"

丽莎说:"这好像是我经常觉得很不公平的地方,总觉得我投入跟付出比较多,但对方的反应好像都淡淡的,让我不开心又想架吵,可是吵了又很担心惹他不开心,怎么办?为什么我这么矛盾?"

亲爱的,你身上有丽莎这种矛盾、不公平又委屈的感觉吗?你是否和丽莎一样,需要通过讨好、服务与付出,来获得被需要感,同时获得价值感与被认可感,更重要的是,你很需要对方开心与喜欢的反应,同时做出"爱"的行为表达吗?

当你在爱里是从"讨好"出发,意味着你总是将重心放在伴侣身上,仰赖着伴侣的喜好、心情来获得养分;同时,这些讨好的付出是带有强烈目的性的,会让被付出的人有"被索取"的感受,有时觉得承担不起这些好,或者回应不了,而想要逃走或拒绝。因为这些"好"不一定是他们要的"好"。

只将重心放在伴侣身上,会使你忘了回头看自己,更不觉得自己的快乐有多重要,以及不看重自己在关系中的需求,因此,你会一直处于不懂得自己的价值,以及长期需求不满足的情形。例如，你的需求可能是对方好好跟你一起聊天，但对方总是优哉地玩手机，你在无奈之下去做家事，希望换取他更多的关注力，但他只有更理所当然，或开始不明就里地厌烦。

既然为爱讨好造成的问题这么多，怎么还是有人不停想讨好别人呢？这是因为讨好背后驱动的力量，其实是害怕失去关系的焦虑与恐惧。

你会发现，当一个人无法在关系里自在做自己，总是看别人脸色，自然不会看重自己在关系中的价值。当伴侣脸色不好时，你会感到自己的价值又归零，就只能继续讨好。因为你看不见自己在关系中的地位与付出，你也没有爱惜自己的羽毛。

这些讨好的企图，就是避免自己被抛弃，或让自己付出到筋疲力尽后，觉得不再需要关系而快刀斩乱麻。最终，你并没有好好地"在"一段关系里，你不相信"自己"就是爱的存在，你不相信自己值得被爱，这使你无法去享受爱与被爱的幸福感，于是在"渴望爱、着急地付出、害怕担忧、失望无奈"里不断地负向循环。

我想，你已经从丽莎的经验里体悟到"当自我感不稳定会如何影响关系"。

自我感是否稳定，将影响你在爱中的表现

接着我们来谈，是什么原因让很多人和丽莎一样，持续困扰在讨好的负向循环里？

其实很大的原因是，丽莎的成长经历中，并没有感受到足够多的关注，成长的许多需求没有被好好满足。例如，当她取得好成绩时希望被赞赏，而不是被视为理所当然；或她跌倒时希望被呵护，而不是被忽略与冷落。

若在我们成长过程中，这些心理需求有被好好满足，照顾者对待你的方式，会被你的自我吸收消化，进而内化成你的心理功能，从而使自己有能力具备成熟的独立性。

可是，相反地，如果你的需求没有被满足，就会感到匮乏或者感觉这个世界对你并不友善也不安全。那么，你就会在成年后的关系中，不断寻求以下三种状态，来试图稳定自我感。

● **需要不断被赞赏，感到被肯定**

不论在生活或情感中，你都会不断寻求肯定，也容易为了肯定，而委屈或掏空自己。这也说明丽莎为什么做得不开心，还是要继续讨好。

● **需要与人融合，感受到安全与支持**

在幼儿发展阶段，若照顾者能提供稳定安全的养育环境，

则孩子多能发展出客体恒存的认知，也就是就算照顾者不在身边，孩子也能有安心感；知道照顾者就算不在身边，也是在某个可预测的地方，不会过度恐慌害怕。容易情感焦虑的人，往往缺乏客体恒存的认知，导致他们在看不到人时会容易不安，而他们与人融合的方式，有时需要全面掌控或完全透明的关系状态，才能让他们稍微安心或感觉被爱，却让伴侣感觉窒息。

● **渴望从安稳的关系中，获得修复与替代性的安全感**

在我许多情感咨询的经验里，个案往往都是要不到爱的一方，因此一直跑来问我怎么改变另一半、让另一半成长。因为他们身上的匮乏感太过强烈，一直渴望别人爱他，而将双眼执着地放在另一半身上，等着另一半变好之后能更稳定地爱他。

谈到这儿，你可能会好奇，究竟拥有成熟自我感的人，具备些什么特质呢？我一样列出以下三种情形，让你体会两者之间的差异性。

● **拥有自尊的调整能力**

你不会因为别人一句话或一个行为而失去自信。也就是当你做的事情原本期待对方很开心，但对方却没有时，你不会因此伤心或暴跳如雷。

● **能享受生活乐趣**

你不需要通过他人来丰富自己的生活，你可以安排自己的生活来取悦自己。

● **能感受到生命的意义**

你不会因为他人的离开就感觉生命索然无味，也不会因为没人陪伴就感觉人生一片黑白，你就是充满光芒与色彩的存在。

相信现在，你已经理解自我感稳定与否的差别。自我感不稳定的状态，会让你将全部心思都关注在对方的行为反应上，因此你要练习将眼光放回到自己身上，给自己赞赏和肯定，向内探索自己，与自己共处，并且练习给予自己安全和支持的力量，如此你就能逐渐成为拥有成熟自我的个体。

当然，对于讨好对方的行为，你一样要去看顾自己背后的焦虑，理解内心深层的恐惧，并练习睁开内心之眼，好好看见对方的爱，也好好看见你的价值，不要总被不安的情绪绑架。

如何安抚你的情感焦虑？

最后，对于情感焦虑，我提供两件你可以尝试去做的事：

●为彼此开立情感账户

延续我们在第一阶段讨论过的"心灵存款",我很鼓励你与伴侣一起进行情感账户的练习。

如果你和伴侣共同想要解决关系中安全感的议题,那么就需要刻意练习、观察、记录彼此在关系中的付出。对方在关系中所有善意的行为,都可以记录在付出的范畴中。当然最好的情形是,你们彼此能讨论:什么是付出?你在付出时对方是否知道?对方付出时你是否体会得到?彼此核对,能让两人更在同一阵线,也能拥有共通的语言。

记住,这是一个看见自己与看见对方的练习过程,而非去细数自己有做什么,对方没做什么。账户是拿来细数彼此的爱,与看见自己价值的,并非拿来斤斤计较的武器。

若你长时间觉得情感账户收支不平衡,可以拿出来与对方核对、讨论,但我要先提醒你,不要将此作为要挟、吵架的材料。还有,情感账户的记录要能够让彼此保有弹性,避免硬性要求、规定或限制,否则这项作业所带来的压力,会使对方在账户上的表现一直呈现赤字。

●强化自我稳定感

有时候,焦虑是来自你的自我批评,或者觉得在关系中被排拒而引发的慌乱感,也可能是不满意自己和对方而有所忧虑。

因此，你可以不断复习以下两步骤。

步骤一：听见内在声音，练习转向

当你听见内在声音对自己的评价与批评，告诉自己："我知道你很忧虑、很害怕，同时我也可以肯定我自己。"

步骤二：重复练习自我肯定

告诉自己："我可以去爱与被爱，我可以在关系中做让自己开心，也让对方幸福的事。"

亲爱的，焦虑与肯定是可以并存的，你无法立刻消灭焦虑，但可以逐步让焦虑的影响力降低。当你的心安定，你的内心之眼就会清澈。当你的自我稳定，关系的基石也能随之稳定，你和伴侣就能好好享受爱与被爱了。

> Point of Lesson
>
> 你无法立刻消灭焦虑，
> 但可以逐步让焦虑的影响力降低。

情绪引导音频 2

"沐浴在爱中"练习
静下来，就能感受到爱无所不在

深呼吸，吐气。再呼吸，吐气。每一次的呼吸，都让自己更放松、更轻松。每一次的呼吸，都让自己更自在、更安在。

现在，感觉自己走在一片宽广的草原上，你踏着草地感受着青草的触感，感觉着微风，也感受着阳光温暖地洒在脸颊上。

你望向草原，远远地，你看见一个个熟悉的身影向你走来。你定睛一看，都是你接触过的人，你的家人、你的朋友、你过往的同事、你学校的老师、你的邻居、你的老板、你的亲戚。不管远的、近的，请你细细地感受与这些人的接触，静静地观看着他们。这时，你看到他们一个个对你微笑着，一双双眼睛里是纯净与爱的表达。过往你都没有注意到他们，现在，请你感受他们，环绕着你，带着爱的眼神看着你。这些眼神没有评价，只有爱，因为你的存在就是美好。

再一次，你感受着这片草原的支持。仿佛大地之母，通过草地与微风包围着你。你感受着爱的眼神，感觉自己沐浴在爱中，感受那股爱的能量从脚底板缓缓地像一股暖流，流经你的脚踝、小腿、大腿、臀部、腹部、胸口、肩膀、脖子、脸颊，一直到头顶。你感受着温暖，在你身上流动着，你感觉从你的胸口也慢慢有一股热能四散开来。

好，当你准备好了，你可以慢慢地在这股平静中苏醒过来。

心灵提醒

这个练习最主要的目的，是要为你累积心灵存款，强化自我稳定度。当我们处在焦虑中，很容易偏执地定焦在某一个人身上，询问为什么他们不爱自己，而忘了自己本身其实有很多爱，也被爱环绕着，但我们却一直都在找爱。亲爱的，其实爱一直都在。只要我们安静与稳定下来，好好感受四周，你就能感受到：爱，无所不在。

约会焦虑：
是什么让"爱"无法成形？

遇不到好对象，是老天爷没有为你准备合适的人吗？
还是在情感初期，你与人建立关系时就出现问题？

在一次爱情工作坊中，有一个男学员分享道，他每次跟异性互动的时候都不知道要说什么，总觉得脑袋空空，言谈很没内涵。然而，我却在跟这个学员互动过程中，发现多数时候他都能对答如流，也有非常专业的工作。

我好奇地问他："你在工作上开会、讨论，同事会说你没内涵吗？"他想了想回答我："不会。"我又问："那你跟过往的同学或男性友人碰面聊天，会觉得不知道该说什么吗？"他一样想了想，回答我："好像也没有。"接着，我说："那这样听起来比较像特定情境的焦虑了，我们也会称这是社交焦虑。也就是在某个特定情境、某个时间与场景，你面对某些特定人物、对象会出现短暂、起伏大的紧张心情。例如，搭讪、与有好感的对象或不熟悉的新朋友聊天等。"

这时的焦虑是"你因担心现在或未来可能会发生非预期或无法控制的事物，而产生紧张与不安的情绪感受"，也等同于担心、忧虑。这使得你与对方互动时，有各种预设与想象，但往往会环绕在负面状态中，认为自己会出错，对方会对自己不感兴趣，或者迟到会搞砸等思绪。麻烦的是，一旦你的脑海中有这层忧虑，现实情境中又嗅到符合这些想象的线索时，这份焦虑就会蔓延开来，像是被自己说中一样，使你开始自乱阵脚，结果整个情境就符合了你心中的假设，如实地照你的剧本演了一出约会失败的剧码。

亲爱的，你是否也会在特定场合，或者特定的对象上，发生类似的情形呢？

你的"人际知觉"足够吗？

首先，我针对这位学员的状况提供一些解析。通常社交焦虑包含三个向度。

●第一向度：内在匮乏感

有一种互动方式会让人吓到，就是你一下子讲述太多自己的事情，太快把祖宗八代通通倒出来，或者马上就切入内在阴暗面、家里有人生病等问题，接着就是大量询问对方许多问题，迫切想要理解对方。当然，你可以说这是社交技巧不足，但同时这也像是在互动中希望与对方融为一体的感受，或要吞没对方，又或者像是全盘托出，希望对方承接自己与拯救自己。这股急切就是焦虑的展现。

●第二向度：对人际知觉与社交线索，过于无感或过于敏锐

当你来自互动少的家庭，或成长背景有很多孤单时刻，没有太多手足、亲友的互动经验，有时候会造成我们的人际交往智商较低。这是由于过去的经验少，因而有很多情境你无法辨识，导致在许多社交情境中，对方已经表达出不舒服的线索，但你却没有发现。另一种情形则是因为你来自包容与爱太多的环境，亲友对于你行为的冒犯与失礼并没有指正，造成你不够社会化，而所谓"社会化"就是一种适时适地的行为举止。在提倡做自己的文化中，很多时候"做自己"与"自以为是"仅是一线之隔，那一条线其实就是"人际知觉"。也就是，你有没有意识到你的行为对环境与周遭他人的影响，还是你总看到他人对自己的不友善呢？

除了这两种情形外，还有一个情况是，当你来自互动紧密，但情绪张力较大的环境，也就是你的成长环境是经常争吵，或

对孩子有许多要求与期待，这样的环境会让孩子过度关注他人表情。因为害怕自己做不好，又会引发父母争吵或不快，因此对别人的言行、非语言讯息，包括音调、表情、动作，有可能过于负向解读。

曾有一个美国朋友告诉我，他跟一个女孩约会时，一起坐在吧台吃日式料理，就在坐下没多久后，女孩拿着包包放在两人中间，他瞬间就觉得自己被拒绝了。因为认为女孩想要与他保持距离，因此他整顿饭吃得闷闷不乐，并且在谈话中一直觉得自己没机会了，想当然他们就真的没有下一次约会了。但当他跟我说到这情境时，我很惊讶地告诉他："这其实是很多台湾女生都会做的事情，她很可能是想确保自己财物的安全，倒是你，怎么这么快就嗅到拒绝的讯息呢？"接着他开始思索，并在发现其实这个被拒绝的想法感受，是源于他对自己的不自信。

接下来，我就要与你谈到非常关键的，既会引发焦虑，又会导致约会失败的"第三向度：负向自我感与世界观"。

●第三向度：负向自我感与世界观

在这个向度里，你可以说是缺乏自信、没有价值感，也可能是经常出现的挫败经验，让你归纳出"你总是做不好"的结论。但无论如何，这就是一股对自己观感负向的感受。

我们常说，情感是一个爱与被爱的过程，也是一个付出与接受的交流，但当你处于负向自我感受时，你会有一种"我是否值得被爱，我给出的爱会有人要吗？"的疑虑，而经常感觉不到他人对自己的正向情感，或者躲避他人的正向情感，甚至会想着"如果这人知道真正的我，一定不会喜欢我，会觉得被骗了"的念头。

可怕的是，即使你上了很多约会教练课，懂得很多开场白、社交技巧、穿着打扮，准备了很多避免冷场的故事或笑话，若这一个核心心态的环节没有调整好，你一样容易被焦虑淹没，而觉得自己学再多都没有用。

那么究竟什么是"负向自我感与世界观"呢？让我用一段与朋友的对谈来回答这个问题。

在某次受训中，我与友人聊到感情话题，惊讶地发现她已经年过半百，却从来没有交往经验。一开始听到时，我很惊讶地问她："所以你从来没交过男朋友吗？"朋友摇摇头，有点腼腆地说："真没想到我在感情这一块交了白卷。"我不放弃继续追问她："都没有人跟你示好过吗？"她皱起眉头想了想："嗯……好像有，但也真的很少，而且我也觉得没可能。"看着朋友的人生走过约莫半个世纪，但谈起情感这件事时，她的形象交错在"放弃追寻爱情、依旧坦然自在的女性"与"焦虑又局促不安的单纯女孩"之间。我则是在一旁充满困惑，并不是因为她完全交出情感白卷的人生，而是她说的那句"我也觉得没可能"背后的信念。

亲爱的，你说，究竟是什么让爱无法成形？难道是老天爷没有为你准备好适切的那个人吗？还是在情感初始发展阶段，你在与人建立关系时就出现了问题？的确，在情感初始发展阶段，彼此之间会有很多试探和示好，也需要通过好奇心，来探索对方的世界，进而让彼此感受到足够安心与强韧的联结和吸引力，最终愿意继续与对方走在一起。

但问题是你是否能够成功联结对方，也愿意接收对方发出的邀请和联结，让感情可以有机会在彼此的互动中，交织出更深刻的爱情之网呢？这当中最需要避免的就是"焦虑"来坏事，因为焦虑将影响你与人联结及接收联结。

试想，你在与他人的互动过程中，是否有办法专注在当下，还是大多时候你都思绪飞离？你是否能轻松地对谈，还是经常想着下一句要说什么？这其实还是因为"焦虑"，导致你难以活在当下，与人好好建立联结。

你曾有过这些想法吗？"我真的值得有人喜欢我吗？""他真的只跟我一个人见面吗？""这会不会只是一场空？"等。你发现了吗？就是这些念头，让你无法好好接收他人的讯息、引起焦虑，导致你应验了自己的信念。

拥有"负向自我感与世界观"，意味着你的信念让你看到的世界，常是令你无助或无望的。这包含了三个观点。

1. 你看待自己的方式

你是否觉得自己够好、是否相信自己值得被爱。

2. 你看待伴侣的方式

这种信念的来源，往往源自人生中第一个与你亲密的人，通常是你的照顾者，他们对待你的方式是否让你信任，是否让你感觉安全，而并不想要推开对方。因此，可以想见，如果你有个经常不回家的父亲，你很容易认为伴侣迟早会出轨；如果你的家人经常情绪勒索，你很容易觉得对方想要控制你。

3. 你看待关系的方式

在你眼中的关系都长什么样子呢？你会不会觉得关系总是沉重、枯燥又乏味？我们看待关系的观点，容易定型自从小接触的关系，特别是父母的婚姻，那会内建我们的关系资料库。若父母婚姻不顺，即使成年后你看到很多幸福的婚姻，也很难修改你定型的关系资料库。即使现在有段关系即将发展，你也可能会联结到不顺的关系样貌，而不自觉破坏它。

所以，亲爱的，让我们回到一开始这位男学员的困扰。其实后来在深度探索下，他发现自己的焦虑来自不太顺遂的家庭关系：有一个掌控度很高的母亲，让他经常觉得自己做得不够，也觉得爱很窒息，但又碍于年纪，觉得自己应该要积极交友，而强迫自己踏出去。但那股"他人会控制我、关系会令人窒息"的恐惧感，早已形成无意识的恐惧，让他在与约会对象互动时，总是产生冻僵反应，而裹足不前，因此常出现脑中空白、无所适从的感受。而某种程度与约会对象的互动，会让他在情绪层面，退回到小男孩的状态中，忘却了自己已是具有能力的成年人。

如何面对约会焦虑？

最后，让我们根据这三个向度的认识，来谈"面对约会焦虑的方法"。

最重要的，就是你要先能理解自己内在是否有匮乏感、是否具备人际技巧，以及觉察你的自我感与世界观，练习在面对爱情时，可以温和地安抚心中焦虑害怕的孩子。因为当你陷入焦虑与恐惧，你会关上心门，头脑也会关机。所以，你可以适时地提醒自己，并开启自我支持的对话。你可以对自己说"不用担心，我陪着你去跟他互动""你是安全的，你已经是大人了，没有人可以控制你""你是值得被爱的、别人也是""没有人可以抛弃你，你不再是小孩子了"等。用这些话语，来抚慰、平息内在的焦虑，你将能逐渐感受到自己更懂得如何与对方互动交谈，彼此便能渐渐交织出更密切的爱情之网了。

> Point of Lesson
>
> 我们看待感情关系的观点，
> 容易定型自父母的婚姻。

情绪引导音频 3

"破解诅咒"练习
破除自我批评，感到自在自信

　　深呼吸，吐气。再呼吸，吐气。每一次的呼吸，都让自己更放松、更轻松。每一次的呼吸，都让自己更自在、更安在。

　　现在，你感觉自己身处在一个房子里，这个房子让你感觉安心、舒服。在房子里找到一张你觉得舒适的沙发，你轻松地坐了下来。你感觉身体沉沉地陷入沙发中。将你的意识带到胸口，你感受到有一团深黑集结的线团，正压在你的胸口。那一丝一缕的黑线，是经年累月下，他人对你的否定，你对自己的批评。也许是某一个人说过"没有人会喜欢你"，或"你不值得被爱"，去感觉胸口的烦闷与郁结，就像这一团黑线。你感觉自己深陷在沙发中，独力奋战。

　　这时，你感觉周遭出现熟悉的身影，你看见爱你的、关心你的家人、朋友来到你身边。他们的眼神带着爱与心疼，同时带着温和的笑容看着你。他们一起把手放在你胸口的黑线球上，他们陪伴着你，你不是一个人面对。他们一起把球拉开、拉开了。你感觉黑线球从你胸口拉了出来，他们持续拉着、拉着，从你胸口拉出越来越多黑线，一丝一缕，还打

Chapter2 化解内心的负面自我，从关系中成长

着大结小结，一直到最后的线头都被拉了出来。

给自己一个深呼吸，感觉这股轻松与轻盈。再一个深呼吸，感觉忧虑与焦虑都被排除。最后一个深呼吸，感觉心中的平静。这时，家人与朋友丢掉手上的黑线团，他们轻轻地将手放在你的胸口，他们微笑着告诉你："你值得被爱，你值得被爱。"请你再一次深呼吸，感觉你身体的每一个细胞都被这句话充满。你感觉到身体中每一个细胞都开心地颤动着，也感觉到身体每一份肌肤敞开着、开心着。

现在，请你记得这份感觉，当你准备好了，可以慢慢地苏醒过来。

心灵提醒

在这个练习中，当你能破除心中自我诅咒与批评，而再次回到社交情境中，你就能感受到自在与自信了。祝福你。

情感焦虑：
总是忆起旧情人的焦虑感

> 难以忘怀旧爱者，通常是自己现在过得很不满意，因此特别怀念那段时间的美好。

亲爱的，不论你现在是否在关系状态中，在夜深人静时，你总是会想起旧爱吗？又是什么样的情况会让你无法忘怀过去的情感，忘不掉旧爱的美好呢？难道这只是年轻人的专利吗？每当想起他，就让你焦虑不安、难以入眠，或者无法专心工作，讨厌自己"又来了"？

这几年，在情伤工作的实务经验中，我发现，大部分的人若自信与自我价值够稳定，也有够好的支持系统，通常最迟能在半年内就走过情伤，往自己生命的下一阶段迈进。

因此，在实务工作中，长期处于情伤状态中的人，往往有以下两大特质：自我价值低落和逃避亲密关系。

走不出情伤的特质一：自我价值低落

自我价值低落的人，又可分为三种类型。

●藤蔓型

这类人失去感情就像失去全世界，总是需要感情的填补，好让自己感觉活着，或总需要被爱，才感觉自己有价值。这样的人在关系中容易与对方产生共生状态，成为爱情里的藤蔓，汲取对方身上的养分，既无法失去对方，也失去了自己。一旦失去感情关系，他就会倒地不起，总需要花非常多时间，才能重新建立起"行走"的能力，也很容易把自己过得很糟。他总是很需要有人陪、有人照顾，因此更常忆起与旧情人在一起的美好。

●忍者型

这类人在关系中总是默默付出，不吭不哭、不讨不说，在爱情里自然没有分量，也没有存在感，什么决定都以对方为主。当他失去自己的声音，当然也失去了地位，更失去在关系中的吸引力，因此最容易成为在关系中处处隐忍者，即便对方出轨也能够忍受。

● **自虐型**

这类人在关系里总是自责,对什么事都会扛起责任,觉得是自己不对,即使对方出轨也觉得是自己不够好、不够优秀。当对方飙骂自己时,总觉得是自己没做好,对方都不用为自己的情绪负责,因而经常搭上自恋与自我中心的人。在关系结束后,他容易陷入很深的后悔中,觉得是自己对不起前任,也总是想方设法去挽回一切,他愿意为对方改进任何一处缺失,包括可能伤害自己身体的整形手术等。

"藤蔓型""忍者型"与"自虐型"这三种自我价值低落的人,会将对方视为至高无上的权力者,他认为只要依附着对方,就能汲取到爱和认可,因此在关系中失去平等的地位。而关系与位阶的不平衡,也会导致关系不稳定,所以在关系存在时,就已经感到有可能消失的焦虑感。

走不出情伤的特质二:逃避亲密关系

具有这特质的人,可以分为两种类型。

● **活在过去型**

这类人的心思经常不在现在,往往停留在"过去",但即使让他回到过去,也不会好好对待身边的人。简单来说,他们不愿好好待在眼前真实上演的人生中，即使现在有伴侣，也经常嫌东嫌西，拿他跟前任比较，而这其实是一种逃避现实的心态。因为现实中有太多挑战，包括关系经营与维系的挑战，因此让自己的心思停留在过去很方便，可以贬低一下身旁的人，还可以陶醉于前任的美好。但当现任决定退出，心想他应该会去找前任时，他却因为现任成为前任，前任成为前前任，而开始再次怀念"前任"，让自己陷入鬼打墙的无限循环中。

●铜墙铁壁型

其实这类人朋友不多，也不容易跟人建立关系，每次有人靠近就会处处防范，其背后的心理状态可能有以下几种。

①经常觉得跟人相处很累、很麻烦，因为每个人的期待要求不同，要迎合很辛苦，干脆不要来往来得省事。如果你有这样的情形，很可能生长自家中一直有个"不满足"的家人，深信人的欲望无底线，根本满足不了。

②认为关系就是责任，责任就是痛苦，因此在进入关系时会异常谨慎，也可能因为不想承担责任，而总是拒人于千里之外。

③因为失去过而感觉痛苦，不想再与人亲近，避免再遇到如过去般痛苦的经历，而内心深信关系到最后总会失去，也不会积极维系关系。

④不知道怎么交朋友，或者在往日人际互动中有太多挫败经验，包括被排挤、被霸凌过；或曾经被说是怪人等经验，都

让他在人际互动中充满隔阂感。

以上四个是铜墙铁壁型的人可能有的心理状态。

他们要么逃避关系，要么一旦进入关系，就有种宿命感，而且要三生三世不放手，来生还要继续当夫妻的执着和认定。这其实是他们开放自己内心、让别人进入的比例太低，而导致"请神容易送神难"的情形，所以直到关系结束后还是对旧情念念不忘。

你会发现，这些描述也很符合我们前面提到"心灵存款破洞的人"的状态，也就是自我价值的不稳定。有这些状态的人，容易在关系中产生焦虑，和他人在一起焦虑、不在一起也焦虑，拥有感情焦虑、失去感情也焦虑，没有一刻得到安宁。难以忘怀旧爱又感到焦虑者，通常是自己现在也过得很不满意，在旧爱出现之前的生活也曾过得不顺心如意，因此特别怀念那一段时间的美好。

亲爱的，离开的他，是在提醒你将自己爱回来，提醒你不用害怕去面对孤单的自己，这段美好之所以刻骨铭心，是你们邂逅在你人生低落或脆弱的时刻，而对方正扮演重要的角色，去唤醒你对自己的关注，也就是："你不够爱自己，在自己所做的任何事里，你看不见自己的好，而他看见了。""你怀疑你自己，在自己的人生与未来彷徨无助，他是那稳定你心灵的锚，让你感觉安心。""你对自己失望，在生活里感觉挫败又碰壁，他是那激励你向前的火把，燃起你的斗志。"

因此，他的存在对你而言变得重要，像是一剂心灵的解药，让你感觉救赎，加上狂热的情感排山倒海向你涌来，让你无法招架。然后，你深深地相信，再也没有像他一样跟你的身心灵如此契合的人了。而你很难相信没有他之后的生活，你是否有办法过得好。

当然，你一定会想问，那该如何才能忘记对方，好好生活？

怎么把自己爱回来？

最后，我们就来谈谈，你可以怎么把自己爱回来。

其实最重要的，是回到焦虑的情绪里，去思考我们如何帮自己降低压力、提高支持度。

在这种情境下，你要做到两件事：

第一，"挥别过去并释放悲伤"，就是释放压力。

第二，"回到当下且强大自己"，就是提高支持度。

让我更详细告地诉你该怎么做。

●挥别过去并释放悲伤

在这一部分，你可以做三件事。

1. 好好地痛，也好好地哭一场

你一定会感受心像撕裂般的疼痛。原本你感觉两颗心是依偎在一起的，但一颗心离开后所带来的伤痛，会让人避免去提及，这种避免提及的现象，只会延宕与压抑悲伤。你只会表面看起来没事，但其实常在梦境里梦见对方或哭着醒来，不时感觉自己放空或无法集中心思，因为满脑都是回忆的画面，并且有太多泪水。

因此，你需要帮助自己去好好看见受伤的心。你可以找信任的人陪伴，让自己好好痛过，才会真正感觉到"是，我们已经分开了"。记住，当你哭泣时，听到自我批评与责备的声音，请让自己停下，这对释放悲伤没有帮助，只会徒增悲伤。提醒自己："等我难过完就没事了，今天的释放到这里就好。"温柔对待自己，你的痛才会好得快！

2. 写一封不会寄出的分手信

痛过之后，你需要好好疗愈自己的伤。过往你会一直回忆与懊悔这段情感，现在你需要更诚实地去面对自己的感受。你可以谈及你的难过与伤心，为这段逝去的爱情哀悼，也可以提及他对你的好，但无法再持续相处的状态，让你感觉难受与不舍等。让自己伤透的心好好说话，也让眼泪好好在过程中洗净你对他的思念。

请不要寄出这封信，因为当你想要寄出这封信，你所有真实的情感很可能会修饰与隐藏，甚至你会有所期待。这将无法达到疗愈的效果，只会把自己推入另一个期待落空又受伤的深渊里。

3. 回到你们开始的地方并告别

到这一步,你可能需要经过好一阵子,因为它会让你更受冲击,却也更感觉释放。一次次允许自己悲伤的过程,其实也是一次次在断开对他的依恋,而回到你们最初在一起的地方,会是一大挑战。

你可以亲临现场,也可以通过冥想的方式进行,让自己回到现场,去与想象中的他进行对话,将心里想对他说的任何事情说出来,并且一次次告别。这个步骤可能会让你再次感受到疼痛与内心的不安,但完成后你会感到内心的平静与释然。

● 回到当下且强大自己

当你完成了第一部分"挥别过去并释放悲伤",接着,在这一部分,你可以做以下两件事。

1. 回到自己身上

你是否看见自己在关系中的付出?你是否肯定自己的价值?你是否愿意心疼在关系中受到委屈的自己?当你能够懂得自己的价值,就无须通过关系来肯定自己,也不用将伴侣视为提供认同的来源,你能成为自主又有自信的个体,并能找到尊重你又欣赏你的人。

2. 回到当下

你的现在,决定你的未来,让自己有意识地生活。当你的生活遇到人际相处的压力与难题时,"焦虑"会让你的心思飘向过去或未来，让你经常处在悔恨与担忧中，这也导致你"逃避现实"的惯性因应策略。

当你无法面对现在，不去处理当下身心所承受的情绪，只会让焦虑不断蔓延，因此你要能抓住自己，好好面对与看清楚问题，并且安抚情绪，才能避免重蹈覆辙，一直活在不满意的状态与关系中。

以上就是面对旧爱引发焦虑的两个处理方向。

本篇所附的音频，正是帮助你同时做到"挥别过去、释放悲伤"与"回到当下、强大自己"。当你准备好了，请让自己在一个安静不被打扰的环境里，静下心，跟随音频的引导，一起疗愈自己吧！

Point of Lesson

离开的他，
是在提醒你将自己爱回来。

情绪引导音频 4

"好好道别"练习
清理情绪，把哽住的话说出来

当准备好了，你可以慢慢地闭上眼睛，调整你的坐姿。深呼吸，吐气。再呼吸，吐气。每一次的呼吸，都让自己更放松、更轻松。每一次的呼吸，都让自己更自在、更安在。放松你的身体、放开你的思绪，感觉轻松了、自在了。

想象自己走在一条黑暗的道路上，走着、走着，你踏着坚定的步伐向前走、向前走。这时候，你感觉身后出现许多人，曾经关心你、在乎你的朋友与家人。你感觉他们的手，轻轻地搭在你肩上，像是默默地陪伴与支持着你。你感受到他们的温暖与他们的精神陪伴着你。慢慢地，你感觉场景变化着，你越往前走，越感觉到场景的熟悉，你来到了你熟悉的地方，这里，你曾经来过。现在，去感觉你所在的地方，这里，充满了回忆的滋味。

此时，远远走来，你看见了对方，那个在你心中一直徘徊不去的身影，你在这个场景里看见了他。

你停下你的步伐，看着他。近近地，你看着他的身影，从头到脚，你仔细地端详他一次，他的头发、他的脸、他的表情、他的身形。在最后一次见面，他所穿的衣服、他所穿的鞋子，还有他身上任何的东西。你细致地看着他，他也回看着你。你感觉自己的内心有很多的感受、有很多的话语。现在，你面对着他，你可以说出任何你想说的话……

如果有些话卡在喉咙，你可以用几个深呼吸，帮助自己疏通卡住的感受。吸气，吐气。吸气，吐气。如果你都说出来了，你去感觉自己说出来后心里的感受。你一样继续看着对方，在你对他说完话后，你告诉对方，你已经准备好离开他了，你准备在心里放下他了，你已经准备好了，在未来的生活里，不会有他的身影。在你的心里，你把他安放在特别的位置上。而他，不会再是干扰你或带给你痛苦的存在。你告诉他，放开的过程，好难过、好难过。你告诉他，分开的过程，感觉像是撕心裂肺般的难过。

当你对他说完话后，在你的身边，出现了一个小小的身影。你定睛一看，原来那是你心中的小小孩。你看着自己心中的小孩，你细细地端详他，他的眼睛，他的鼻子，他的五官，还有他的穿着。这时候，你感受到他身上充满了情绪。缓缓地，你蹲了下来，搂住小小孩，你是最知道他有多难过的人。你也最清楚，他的心有多么痛。现在，你可以对自己的小小孩做任何你想要做的事情……

你看着、感受着小小孩在你做了这件事后，他脸上的表情变化。记住，他是唯一从头到尾陪你经历这段关系的人。

你也是唯一最清楚知道，他在关系当中任何感受、任何复杂细节的人。现在，你可以对他说任何你想要说的话……你轻轻地摸摸他的头，顺顺他的背，安抚着他。

你牵起了他的手，你告诉他：我知道你很难过，我知道你很不舍，我知道你心里还是有很多复杂的感觉。你牵起了他，一边在他的额头落下许多细碎的吻。你亲吻他、安抚他、感受他的痛。

缓缓地你站起身，带着你的小小孩，你告诉他，我们一起离开吧，我们一起向他道别吧！你看着小小孩，一边流着眼泪，却一边微笑着向对方挥挥手。

你们两人一起挥挥手，一起向后走，慢慢地、慢慢地，离对方越来越远、越来越远。你疼惜地牵着小小孩，你知道他的难过，而你心疼他的难过。

你们一起往回走、往回走，你感觉小小孩的身影在往回走的过程里，变得越来越小、越来越小，小到只剩下你手掌心般大小。轻轻地，很轻、很轻，你将小小孩放在你的胸口，你永远陪伴着他，他永远跟你在一起了。

好，当你准备好了，你可以慢慢地张开眼睛回到这里来。

心灵提醒

　　这段音频是好好道别练习，如果你有一段一直难以忘怀的情感，或者你有一段一直没有办法好好放下的情感，或者你们从来没有好好地分手，但你在心里头已经决定好要跟这个人说再见。那就可以通过这一段冥想音频，帮助自己回到过去、去好好地道别。然后，让自己在心中结束、放下这段感情。

人际焦虑：
我在团体中会不会被喜欢？

> 如果你不懂得表达自己的需求，只用自我认知去推论对方的感受，那每段关系就会卡在同样的情节里。

在我工作的对象中，如果他们在人际社交中容易出现问题，如有容易被排挤的情形，大多数都是在中学时期就开始有此现象。而人际问题往往会一路跟随至成年时期，让他们在与人相处上有很多忧虑，进入新环境总是害怕自己会不会再重演。其实，人际关系的不稳定，往往也与个人的自我不稳定有关。可能来自过大的我，或过小的我，也就是在人际互动中有自以为是的状态，不自觉贬低他人，或是自我贬低的情形，不自觉讨好他人。

这种自我不稳定状态，会引发三种人际互动情形，分别是：第一，错误的人际知觉；第二，缺乏人际核对能力；第三，过度寻求认可。

人际互动困境一：错误的人际知觉

首先，我带你了解错误的人际知觉。

所谓"人际知觉"就是一个人在社交情境中，如何去判断他人的行为，进而认定这个人的状态或关系的状态，常见的有以下几种情况。

●先入为主

他们对人的知觉并非出于理性客观，而是将主观想法投射到对方身上，而认为对方就是这样类型的人。例如，看见对方板着脸，就认为对方一定很难相处；或者看见对方找零钱的方式，就认为对方一定很吝啬等。

●投射作用

在人际交往中，人们会把自己的特征，归属到其他人身上，假设他人与自己是相同的，并从自己的角度去判断他人。例如，很自恋的人，见到他人对自己微笑，就以为他人对自己有好感；很自卑的人，见到他人别过目光，就认为对方不喜欢自己，而对方可能只是较内向或不知所措罢了。

●情绪效应

当下的情绪状态或特定心境，让他们戴上有色眼镜看人，以致看到的人和事都染上了自己当下的情绪色彩。例如，你现在觉得不开心，就觉得所有人都在针对你；你最近都被人拒绝，就容易过度解读他人的已读不回、拒绝或冷淡对待，但有可能只是对方当下过于忙碌。

说实在的，我们的确会在某些情境下不由自主地错误判断某些事情，毕竟每个人的生活脉络非常不同。就拿约会迟到这件事，在不同国家对时间的感受截然不同，有些人觉得晚到十五分钟还好，但有些人觉得是极其不尊重。每个人的个体差异性有这么大的不同，在人际互动里若没有去了解与澄清事实，或表达自己的需求，你可能会陷入自己的小剧场中推论对方的状态，认为自己在对方心中就是不重要的小螺丝钉，而让关系渐行渐远。很有可能你在很多段关系中最后都容易走向这样的局面。你发现了吗？

如果你不懂得去澄清事实或表达自己在关系中的需求，只用自己的认知去推论对方的状态，那么你就会卡在同样的情节里，不断地复制，受伤又挫败。

这也是我接下来要提的第二种人际互动困境——"缺乏人际核对能力"。

人际互动困境二：缺乏人际核对能力

有时候，你可能不知道怎么说、在何时何地说、说些什么？又或是，有时候你不确定能不能对别人说，说了会不会被讨厌、被拒绝或者被嘲讽？也就是，你缺乏人际核对能力，这还是会指向"自我"的稳定性。

亲爱的，你要先问问自己，我在关系中有没有价值？有没有付出？如果你的答案是肯定的，那么你要接着问自己，我是否能认可我的需求，以及澄清我的疑问？如果你的答案是十足的否定，那也难怪你常在人际互动中受委屈、受挫败，很可能你都不懂得尊重自己，所以他人也跟着不尊重你的意愿与需求。你可能会想问，要如何培养在互动中的人际核对的能力呢？

你需要做的是"协助自己觉察看人的视角"。

在著名的沟通分析理论（Transactional Analysis）中，提到一个重要概念："我好，你也好。"也就是在看人的观点上，如果你容易对人有先入为主，甚至带有敌意的判断时，你就要注意自己是不是经常以"你不好"的视角去观察他人，这样容易觉得别人要找你麻烦。如果你在人际中，经常觉得自责、什么都做不好、不被喜欢，就要留意自己是不是经常带着"我不好"的视框。

你可以带着"我好，你也好"的视角来练习人际核对的能力，这对你会非常有帮助。当你核对后，将更能拓展你的视角，看到不同的人性。成功经验的累积会带给你更强化"我好，你也好"

的视角，也让你真正不断吸引更多"对自己和他人都善良的人"与你为伍。

再者，我们谈谈因自我不稳定状态，引发的第三种人际互动困境——"过度寻求认可"。

人际互动困境三：过度寻求认可

其实每个人在人际互动中，都会某种程度地想要寻求认可。因为被彼此认可，能强化关系的强韧度，也能感觉到自己在关系中存在的重要性与价值感。但当你过度想被认可时，就会造成以下现象。

●过度表现

太想要呈现自己的好、自己的优点，有时候让人反感的是，你可能会将过往的英雄史全部说出来，只是希望换得对方的肯定与赞赏。

在我某一堂课的讨论中，曾有学员说到自己在工作中投入太多心思，而感觉自己被耗竭。正当我们一群人认真探讨原因时，一位学员插话进来，说到他觉得对工作游刃有余的人，是不会觉得耗竭的。这时，讨论的氛围瞬间被冰冻。这位学员并没有发现，他的发言在间接表明自己工作能力很好、他人工作能力很差，在过度表现中，让人对他产生排拒感。

● 过度讨好

过度细心体贴地想要服务对方，虽看似是暖男或暖女的举动，可是有时却让人承担不起。除了不知如何回应而有压力之外，也会让对方觉得你是不是弱化了他的能力，当对方是没有行为能力的孩子。这会让人想要保持距离，你也可能因此觉得挫败，为什么自己付出这么多，却反而换来距离感。

● 过度合群

合群在集体主义下是种美德，但当这个合群造成你失去有准则的判断，那就是有害的。毕竟有许多人打着合群的名义，要求你承担他人该做的事情，而让你成为被利用的对象，使得他人并不会珍惜你的付出。若你是过度合群的人，往往是源于你内心强烈渴望团体归属感，所以，当团体共同讨厌一个人时，你也就自然加入一起讨厌对方，或当先锋去做破坏他人名誉的事。但你知道吗？这很可能使你最后落得里外不是人。

成人与青少年的交友大不同

我用个例子来具体说明。小美跟我分享她从中学时期就被人排挤的经验，一直到现在三十多岁，在职场上也被严重排挤。这让我忍不住想了解：她究竟是犯了什么人际互动的大忌，而遭到这般对待？

青少年时期被排挤，往往是因为个人卫生习惯过差、过于贫困，或在同学眼中很奇怪。这个奇怪可能是经常讲很不恰当的话、骚扰他人的话、人身攻击等，也有可能是太习惯打小报告，而成为同学眼中的抓耙子。但也有可能你什么都没做，就是被意见领袖看不顺眼，而落得没有人敢与你做朋友。

在埃里克森（Erik Erikson）的社会心理发展理论（Psychosocial Developmental Theory）中提到，青少年时期最重要的心理发展就是"自我认可"。在此阶段的青少年借由对自己的认识与觉察，开始确立他在团体中的地位，还有外在环境对他的期望。在不违背自己的需求、价值体系及良知的情况下，他会调整自己的行为与价值观，以增进对环境的适应性，也就是好好地认识自己，好好地知觉环境，并且能好好地社会化的过程。偏偏在这阶段，青少年又特别需要"团体归属"，想知道自己会被哪一个群体接受，这使得大部分的青少年，容易把自己的价值建立在同侪反应上。当被同侪拒绝，会使他们觉得受到莫大的挫折，且容易丧失自信。

这也说明了，何以青少年时期的人际挫败经验，非常容易延续到成年。因为当一个人内在对自己的信念经常是"我不确定有没有人要跟我做朋友"，就很容易在人际互动中有错误的判断，包括前面提到过，在他的人际知觉中会先入为主地认为没有人喜欢自己，但也有另一种可能，就是太渴望有朋友，而形成强烈讨好与合群的问题。

在小美的故事里就是这个情形。小美做了一件事，让公司所有人都讨厌她。但真实的原因却是，公司本身就有两派人马，分别是 A 群跟 B 群。因为小美是新进人员，还没有特别明确加入哪一派，所以当中有些人陆续与小美靠近，她也很开心地与大家互动，有私下的饭局和聚会。

后来，小美在一次与 A 群的人吃饭时，有人问小美是否有跟 B 群中的小花来往，小美不疑有他便告诉对方：" 有啊！有互动跟来往。" 接着 A 群人就开始大肆询问小美所知道小花的任何事。当然，在过程中，小美觉得不太妥当，毕竟她已经知道两派人马的派系斗争激烈，但在当下她心中冒出强烈的焦虑感，她担心自己如果不说，就会被踢出 A 群。她害怕自己再次重复中学时期那样被排挤的状态，因此她不仅分享小花的事，连同小花在社群上说了什么、做了什么也通通分享出来。

这故事的走向不难想象，最后就是事件爆发开来，小美成了众矢之的，A 群的人也没有捍卫她，B 群的人更不可能接纳她，她又再次在人际关系里深受伤害。

成年人的交友，与青少年时期的交友模式非常不同，因为青少年时期更强调团体归属，因此小圈圈的次文化非常盛行，但到了成年，群体归属已经不是第一要务。如果你在青少年阶段顺利发展，就能发展出明确的自我观念，还有人生追寻的方向，因而在成年后，有理性判断的准则，也有能力去分辨，谁值得交心，谁只要保持距离即可。

其中最大的差异往往在于，青少年时期被排挤，你很可能求助无门，不太有人敢为你挺身而出，加上情境与环境的限制，青少年时期都必须待在同一个环境；但到了成年，多数时候，你有机会找到让你感到安心与理性的对象，他们相对头脑清楚，且不会完全被关系所控制，这样的人在成年人中的比例会提高许多。

在小美的故事中，如果小美希望化解目前的人际危机，就需要看清楚人际全貌，接着坦承自己的错误，并寻求他人原谅，与自己和解。

如何抚平人际焦虑？

最后，我想告诉你：真挚的友谊往往来自"发自内心的感受"，人际互动中没有内在感受的联结，往往只会流于表面的社交互动。

因此，小美可以向小花坦陈自己的部分是："我当时很想跟他们拉近关系，所以很担心如果我拒绝他们的要求会被讨厌。坦白说，我也觉得这样透露细节很不妥，但我没有勇气拒绝他们。"

接着，进到寻求他人原谅的层次，这需要深层地去同理对方的感受。你需要彻底明白你的行为对对方造成的影响，甚至是痛苦，如果对方没有感受到你的理解，就不会感受到你的歉意。

所以，小美可以对小花这么说："我真的很抱歉，这么做一定让你觉得自己被背叛了，也有被欺骗的感觉。我相信你当初是信任我，才加我好友，跟我分享你的生活。我也知道你后来非常生气，我真的觉得非常内疚，真的很抱歉，你愿意再给我一次机会吗？"

当你说完这些，你还是要将原不原谅的权力给予对方，毕竟他人因为你的行为感觉受伤，并不是每个人都可以这么快从受伤的感受中复原，强壮到可以立刻再次信任，因此，你需要给彼此一些时间。

最终，很重要的是，你要练习与自己和解，而不是让这次人际挫败经验，再次成为你与他人互动的焦虑来源。你需要理解自己那份对归属与联结的匮乏、对自我的不肯定，你才能真正从人际经验中，学习如何提升自己，以及适切地联结他人与维持关系。如此，你才不会在一生中不断复制人际挫败的经验。

在这一篇的音频中，我想邀请你先回忆在成长过程中让你感觉受伤的人际互动画面，我将带着你一起进入画面，去疗愈与安抚当时受伤的自己。当你过往受伤的经验被安抚，就能调整你的人际知觉，自然能降低莫名的焦虑，自在地与人往来。

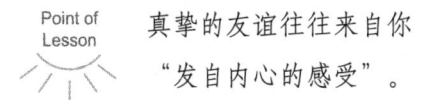

Point of Lesson　真挚的友谊往往来自你
"发自内心的感受"。

情绪引导音频 5

"替自己发声"练习
释放情绪，找回面对关系的力量

　　深呼吸，吐气。再呼吸，吐气。每一次的呼吸，都让自己更放松、更轻松，每一次的呼吸都让自己更自在、更安在。

　　你感觉自己来到小时候熟悉的画面。看见自己在画面里，远远地你看着他，细细地端详着他，感受他在画面中的状态。你看着他与其他人互动着，你也看见其他人对待他的方式。你感觉到他心情的起伏，你是最了解他心情的人，你看见他心里的难受，也感受到他有许多说不出来的话。

　　现在，请你停留在原地，闭上眼睛召唤力量。你对当时的自己感觉到不舍、感觉到心疼，而你通过力量来为自己发声。你通过力量来感觉自己并非一个人，并非孤军奋战。这时，你感受到你身上被一团团的光环环绕。你感觉到光环集中在你的胸口，你感觉到胸口暖暖的。这股光环，来自曾经对你好的人，他们对你的关心与付出，成为这一圈圈的光环，聚集在你的胸口，让你的意识凝聚在任何一刻被爱的感受上。现在，你感觉到满满被爱的力量。

　　请你带着这个感觉，轻轻地走到当时的自己身旁，你是最知道自己发生什么事的人，请你站在他身边。现在，请你为他说出他当时说不出的话……可能是委屈的、愤怒的，也可能是恐惧的、担心的。现在，再给自己一个深呼吸，再一次更大声地说出来。

轻轻地，你看着当时的自己，感受着当你说完之后的眼神、表情的变化。现在，请你轻轻地拥抱当时的自己。请你将你感受到的力量、感受到的爱，缓缓地通过拥抱，传送给当时的自己。

好，当你准备好了，请慢慢地张开眼睛回到这里来。

心灵提醒

这个练习最重要的目的，是能通过为当时的自己说话，来释放委屈与难过等负面的情绪，进而减缓在人际交往中的焦虑，更有力量且更能平常心地面对人际互动。

/ Chapter 3 /

释放情绪压力，
遇见最好的自己

当你开始焦虑与担忧，
就专心创作；
当你不再焦虑，
你将发现你内在有源源不绝的点子。

权威焦虑：
面对主管，总是不知所措

> 当被过去某段经验困住，未来发生类似情境时，
> 都会让我们无所适从且倍感压力。

这一篇，我将和你谈谈"权威焦虑"。当你面对有权势者，如主管、老板时，会焦虑不安吗？会舌头打结又不知所措吗？或是有时候会语无伦次，有时候则是脑袋宕机讲不出话，还是想着等一下要跟大主管开会，你就会焦虑得一直跑厕所吗？如果这是你熟悉的情境，那你就有所谓"权威焦虑"的困扰了。

其实我们的意识，一直都会受到过往的经验影响。当我们被过去某一段经验困住，未来发生许多类似的情境，都会让我们无所适从且倍感压力。甚至我们会感觉自己的行为反应退回到小时候，也就是回到被困住的那个时间点的状态，而导致我们做出不符合现在年龄与成熟度该有的反应。例如，明明拥有

专业知识却语无伦次，或不自主发抖、狂冒冷汗等。有时候我们会以为那只是"紧张"的反应，一直认为只要可以克服紧张就好了，却忽略这可能是我们的"意识状态被过往创伤反应给钳制，而无法有效地进行认知运作"。

你是否常担心会惹别人不开心？

首先，就来了解一下，当为此焦虑时，我们的意识是处于怎么样的状态呢？这也是导致权威焦虑的原因。

在我的实务经验中，若父母特别严厉，孩子又是听话顺从的类型，孩子则多少会有权威焦虑，但不一定会严重影响到自己的日常表现。

但当中有一种特别的情况，会造成当事人强烈困扰，而他们的背景刚好高度相关，那就是独生子女，而母亲又是全职家庭主妇，且母亲容易有"高情绪表达"（High Expressed Emotion，指常对孩子过度批判、过度敌意和过度情绪介入）的情形。往往孩子一个成绩或应对反应不如预期，母亲就会出现歇斯底里或体罚的状况。这种高强度的严格要求，会让孩子长期处于内心弱小与匮乏的状态，不容易觉得自己有能力又强大；而长期的不知所措，总觉得"自己容易惹别人不开心"的这个情绪和思维，会使自己特别容易在有类似母亲或权威形象者出现时，再度落入无助小孩的情境。所以"无助小孩的意识状态"或"受困孩子的感受"，都影响着你在权威者面前的表现。

我来说个故事，让你更深入了解。欣蒂是个专业工作者，有一天她和主管一起被老板叫去办公室。接着，老板跟主管当着欣蒂的面开始讨论起她面对客户的状态，并询问欣蒂应该怎么处理。这时的欣蒂，开始觉得自己在冒冷汗，脑中一片空白，却不得不硬挤出很多话来回答老板的问题。于是，欣蒂越讲越快，老板的表情越来越凝重，她也越来越语无伦次。

欣蒂感到非常焦虑、挫败，她觉得自己怎么做都做不好。她花了很多时间增进自己的专业知识，但每次在面对客户或老板的提问时，经常感觉自己脑中一片空白，甚至让人觉得她很难被信任又不专业。

亲爱的，你是否也有过类似的经历呢？但每当离开当时的情境，平静下来仔细想想，其实你知道答案，也知道怎么处理，只是在当时来不及反应，他人的表情一直勾动你的心情，让你更无所适从。

回到我刚才提的"无助小孩的意识状态"，其实欣蒂身上就有个未被好好安抚的孩子，才会反复发生类似的情境。在老板和主管面前，她依旧用孩子的方式应对，更加深了她在权威者面前的挫败感。

你可以改变"对过去的知觉"

接着,你会想问,该怎么跳脱这无助小孩的情形?

我再接续着欣蒂的故事,让你知道我是怎么带着她跨越焦虑的。

我让欣蒂去回想在过往的经历里,是不是有过类似的感觉或画面,欣蒂立刻点点头。她告诉我,小时候经常母亲情绪一来,就会问她难以回答的问题。

我好奇地问:"什么问题让你很难回答呢?"

欣蒂说:"我小时候只要没考第一名,妈妈就会骂我'你差这几分就丢了第一名,为什么不会写?'我每次就在心里嘀咕,我就是不知道怎么写啊,可是如果我这么说,一定会被教训个没完,所以我根本不知道怎么回答。"

欣蒂边啜泣边继续说:"可是若我没回话,妈妈就会更生气,要我去面壁思过,可是我真不知道我做错了什么……我经常不知道为什么妈妈会这么生气。"欣蒂边讲,边缩着身子。

我看见欣蒂退回到小小孩的状态,也可以理解她在面对客户和老板时,是花了多大的力气来镇定自己。当时,她的脑袋早就被这阵惊恐给绑架了,而她还是努力在剩余的心智空间里,挤出自己可以搜寻到的词汇和想法。

接下来,我带着欣蒂开始安抚自己。欣蒂被惊吓的经历,让她的意识一直处于被回忆绑架的状态,而无法有效地表现自己。当一个人经过不断学习后，仍无法好好展现自己的能力，除了会缺乏自信，也会降低他的自我效能感（降低觉得自己有办法做到某件事情的感受），且经常觉得自己低人一等，一再地强化弱小无助的感受。

这个由成年的自己，安抚童年自己的方法，是我实务工作中常使用的"拥抱内在小孩法"（请见 P181）。

很多时候，随着年龄增长，我们即使成年，却忘了自己已经是个大人，而这个方法则是帮助你再一次回到儿时的经历，去与那个受伤、无助、被惊吓的孩子在一起。

许多人在这个过程里，不见得能看见儿时的自己，因为他们内心不想看见那个"不光彩"的过往，更多人无法去接触儿时的自己，因为那个"不光彩"传递了羞耻的感受。

然而，当你愿意让自己重新去看待和经历当时的情境，并进入到当时的情境里，用大人的姿态去安抚受惊吓的自己，你便能从中获得许多力量。

在我引导欣蒂的过程中，欣蒂也是不停地挣扎和抗拒，但却依旧勇敢地接触儿时的自己，让自己有力量地在一旁陪伴，一直等到她内心感受到儿时的惊吓和焦虑已平静下来。

我猜，你可能也有过这样的疑问："究竟探索童年，去看那些受伤的经历要干吗？过去已经发生的事情，我什么也改变不了。"

其实这句话只说对了一半。是的，你无法改变过去，但你可以改变"你对过去的知觉"。而当你能改变对过去的知觉，你就可以决定从此时此刻起，你面对事物的态度。

大多数人，在"拥抱内在小孩"的过程中，有过成功安抚经验后，当他们再次面对权威者时，就不会再重复童年的无助状态，反而可以用稳定且有力量的姿态去应对。最重要的是，你的认知思考可以理性运作，你可以有效提取你的知识库，而不是感觉理智被往日的经验所绑架。这就是"拥抱内在小孩"的方法，通过内在力量改变你对事物的知觉。

让我们回到欣蒂的经验里。我再次询问欣蒂，现在她若回到会议室，回想当时开会的感觉如何，欣蒂停顿了一下说道："好神奇，我感觉老板跟小主管好像没有这么巨大了，他们其实就跟我一样大小而已。"欣蒂似乎才了解到，自己被过往的惊吓绊住，不自觉用小孩的眼光看待主管，同时放大事情的严重性，让她的情绪退回到了儿童状态。

拥抱心中的孩子，找回力量

最后，让我总结一下欣蒂的故事带给你的观念。

你会发现，这还是与前面处理焦虑情境类似的方式，你需要理解、支持与安抚、接纳自己。当你的心情安顿了，心智就能自然运作，所以当你想处理自身的权威焦虑时，你可以依照以下三步骤行事：

第一步，找到与现在权威焦虑类似的情境，并让自己清楚描述当时的情境；

第二步，以大人的姿态进入情境中，将弱小的内在小孩带出来，或提供安抚与支持；

第三步，给予弱小的自己拥抱。

"拥抱"具有接纳的意涵，也就是"不管你怎么样，我都接受"的状态，因此对自己的拥抱有很大转化的力量。

除了欣蒂外，还有另一个也是独生子女的吉妮，也曾经为权威焦虑所困扰。每次她遇到主管问问题时，脑中都会一片空白，甚至好几次让主管不耐烦，而威胁到她的考核。我引导吉妮的工作也是通过这三个步骤进行：第一步，找到情境；第二步，进入情境；第三步，拥抱自己。

吉妮在向我描述情境的过程中，感到自己像是怎么样也无法逃出五指山的孙悟空，被一股压力痛苦又无助地压制着，这也呈现出吉妮早年跟母亲相处时，强烈感觉自己被控制，且不能有自己的声音跟想法的情况。

但当吉妮将这些画面具体描述出来后，那个弱小的自己反而因为被看见而松了一口气。接着，她再用成年自己的身影进入五指山下，把受困的自己带出来。走出五指山后，感受着外界的海阔天空，她深深地吸了一口气，感受自由与蓝天白云，感觉胸口的重担也跟着卸下了。在好好地拥抱心中的孩子后，吉妮也变得很有力量。

有趣的是，当下一次吉妮再来见我时，她开始能跟身旁的权威者顺畅沟通。当她更能如实表达自己的想法后，所感受到的压迫感与距离感也更少了。因为彼此的理解与讯息的通透，少了来自权威者的控制与命令，也使彼此的关系更和谐融洽了。

是的，亲爱的，当你的状态改变，身旁的人也会有机会改变，而你们的互动方式也可能跟着改变。可是，若你仍一直处于惊吓、不安或受困的状态里，有时会让你感觉好像经历着无尽的等待，等待有人将你从惊吓中带出来，或等待不再有人让你充满无助的那一天，却一直等不到。

其实，我们都是自己身上的解药，只要你愿意跳脱等待的姿态，起而行动，你就能离开不断重复与循环那个困住自己的人生情境了。

在本篇接下来的音频中，我将带你练习挣脱枷锁，就如同前面吉妮跳脱五指山的状态，能帮助你更有意识地看见自己曾被哪些无形的压力给掌控。

Point of Lesson　亲爱的，当你的状态改变，身旁的人也会有机会改变，你们的互动方式也能跟着改变。

情绪引导音频 6

"挣脱枷锁"练习
摆脱无形压力，让心自由

深呼吸，吐气。再呼吸，吐气。每一次的呼吸，都让自己更放松、更轻松，每一次的呼吸都让自己更自在、更安在。

你一直感受到无形的压力，似乎有人会检视你、监督你、评价你。你感觉这些压力慢慢从四周汇聚成形，你将这些压力都投放到这个形体上。你再仔细看着它，它仿佛就是从天而降的一双大手，巨大、沉重又充满压迫感。你感觉自己被压得喘不过气来，也感觉自己被限制，不能好好拥抱自由，也不能自在地飞翔。

你看着自己，待在大手下方，表情很无助。现在，请你仔细地看着这幅画面，那个头顶上、身处在巨大手掌下的自己，感受着身上的无助、焦虑与紧绷。请你好好地看着他、感受着他。

请你在原地深呼吸，感受此时此地的自己。感受你离大手下，有着一段安全的距离。你看着那双大手，你知道那是代表过去的束缚、代表过去的压力。现在，请你伸出你的大手，将画面中那个自己，拉出大手的掌控，拉到现在的位置。

Chapter3 释放情绪压力，遇见最好的自己　117

现在，请你与自己一起背对大手，你们一起抬起头看着没有大手的天空。请你对着这个画面再一次地深呼吸，感受着这份自由的空气。

好，请你带着这份感觉慢慢地回到这里来。

心灵提醒

这个练习让你有意识地看见、凝聚自己被掌控的感觉，让这股压力可以好好留在过去，并且有意识地让自己练习离开那总是被掌控的情境，帮助自己迈向自由。

形象焦虑：
若我不完美，就一无是处

> 你有个看起来还 OK 的生活，
> 但在你的想法里，这一切却很不 OK？

这一篇，我将和你谈谈"形象焦虑"。你会不会经常对自己不满意、觉得自己不够好，甚至认为"若我不完美，就根本一无是处"呢？

亲爱的，当你对自己不满意，当你觉得自己做什么事情都不对、都不好、都不够时，就会陷入不安中。于是，你开始容易没来由地看很多事情不顺眼（这是因为你对自己不满意，其实你真正看不顺眼的是自己）；你容易对身旁的人发怒，尤其是亲近的人（这是因为对自己的不满太难消化，于是你转嫁到他人身上）；你会容易自怨自艾，更容易怨天尤人（因为你老是觉得不公平，为什么别人都比较好，这其实是你总看不见自己的好）。

你可能经常跟朋友抱怨工作、抱怨生活，但朋友总说："你想太多了，根本没你想象的糟啊！"但你会觉得："唉！你不懂！"你无法克制与身旁的人比较，又自惭形秽。每次刷着朋友圈，看着小学同学结婚了、有小孩了、看起来幸福美满的样子；大学同学开公司了、买车了、买房了，或者作品获奖了，总让你的心一沉，接着一整天都感到不太对劲。

这些情形你熟悉吗？

你是不是否定现在的生活？

我来与你分享我自己在艺术疗愈经验中的觉察过程。

几年前还没创业时，我是个超级爱抱怨的人！有一次，因为我心里难受得发慌，对自己的工作、生活等每一个层面都觉得很糟糕，就去跟一个从事艺术治疗的朋友聊天。

她听了听我的状况后，就要我画出一个圆，并将我的感受与我想画的东西画入其中。我做了几个深呼吸，让自己安静下来，将自己的感受画了出来。画完之后，觉得自己的心情也稍微沉淀了。

印象中，我画的是一棵植物，斜斜地长在土壤中，其他剩余的细节我已经忘记了。朋友问我："你画了什么呢？"我开始描述我所画内容，接着才描述我的感觉。让我印象深刻的是，她这么告诉我："其实从你画的内容里，感觉不出有这么不好，可是当你说出来时，我才知道你觉得这整个情况很不好……会不会这就是你的生活？你有个看起来很OK的生活，可是在你的'想法'里，这一切却都很不OK？"

我停了下来，感受着这句话的冲击。我在那一刻深刻体会到，我是如何否定自己的生活的。我一直感到不满足、看不见自己的好，也看不见身旁的人对我的好，却总看见别人的幸福和成就，而一直不甘心。而且我还会自我安慰地说，我就是自我要求高又完美主义，我不随便降低我的标准的。

谈到这里，你有什么感受呢？你是否也有些完美主义呢？

完美要求，不一定会使人卓越

如果，你常常觉得"达成完美的成果，我才会罢手""如果事情没办好，我会感到很羞愧，或是很有罪恶感"，甚至"就算达成目标，我也不见得会满意"……那么你很有可能是位完美主义者。

完美主义者虽然对自己要求高，但不见得会让自己变得卓越。因为完美主义者最大的问题在于，想要完成不可能的任务，因此总是把目标设定得过高，仿佛神一般的高度，或设定无法在时限内完成的目标，如"我要在一周内瘦十公斤"，结果因自己做不到又难以妥协，甚至强烈批评、苛责自己，而不断衍生出强烈不满足的情绪，甚至自我厌恶。

所以，对于完美主义者，矛盾的是，就是因为自己要求高、害怕犯错，反而不敢尝试、不敢冒险，导致在生活中有许多方面会使自己动弹不得。你可能难以作决定，也可能无法前进，因此就更容易羡慕他人拥有的生活，因为很可能是你延宕了自己的人生。

可是这种性格究竟是怎么形成的呢？我想你可能知道了，这跟早期教养很有关系，在长期影响下，它会形塑一个人的自尊和人格养成，同时会内化成自我身上有个事事要求完美的人格。而好处是，既然这些完美你是学习来的，那你就能通过再学习，去修正你的思维与行为。

抚慰"完美主义"的三大心法

最后，我将从咨询经验中观察到关于完美主义者的三种幼年经历情形，以及可以自我调整的方法，一起说明。

●大人经常指责孩子

长期下来，大人的这种行为会导致孩子出现"为什么他们要一直骂我？我到底哪里没做好？那我到底该怎么做？"的思维反应，你要帮自己看到并抚慰心中这股强烈的无助感，那么你就能降低强烈的自我怀疑。

你可以做的练习方法是"辨识内在声音"。你一定要清楚地知道，在不断受到大人批评指责的声音影响时，你很可能会内化了这些声音，所以，你要试着停下内在这阵自我嫌恶、怀疑的声音。一旦我们不断在内心播放这些声音，势必会强化我们对自己的不满。

当你能够辨识"内在声音"后，接着，让自己身临其境地疗愈内在小孩。你可能在记忆里，曾出现一段类似上述的对话，或被大人指责的情境，你可以帮助自己进入想象的情境里，为自己在周围形成盾牌，保护他、保护你心里害怕的那个内在小孩。

你可以对内在小孩说："你一定很害怕、很不知所措吧！你也不知道该怎么办，都没有人告诉你做到什么程度才是好的。也许他们说了，可是你觉得很困难，常常觉得自己做得不够，其实这不是你的错。辛苦你了，你做了很多，我看到了，我接下来会一直看见你的努力，鼓励你、支持你，我不会像他们一样指责你。"然后，给自己温暖厚实的拥抱。

● **大人经常不开心**

长期下来，大人的这种表现会导致孩子出现"为什么他都不开心，是不是我怎么做都没有用？"的思维反应。你一样要帮自己看到与抚慰心中这股强烈的无力感和罪恶感，那么你就能避免总是想要对他人的情绪负责，而经常过度承担。

你可以做的练习方法是"辨识责任"。搞清楚这份心情与情绪是谁的责任，让自己以第三者的观点重新看待你跟他人的关系。你的体贴与责任感造成自己过度承担这些情绪，认为取悦所有人是你的责任。即使你明知道不可能，但还是这样认为，也认为没做到的自己很不应该，而经常觉得身旁的人需要被保护。但事实是你被自己的无力感绑架，而对他人的索求难以招架。当你的内心再次升起上述的对话，你要让自己停下来，去感受"责任"、厘清"责任"，而不是因为结果（如他人不开心的样子），就开始批判自己。

你可以对自己说："你一定感觉很无力，也觉得自己做错事，但有时候你不只不知道怎么做，你还有点茫然，不知道自己做错了什么。其实他们不开心，真的不是你的错，更不是你的责任，他们需要承担起自己生命的重量。我知道你很心疼他们，但我们要更心疼自己。辛苦了，不用这么勉强自己，你是值得被爱的，即使他们不开心，你一样是很好很棒的人。"然后，一样给自己温暖厚实的拥抱。

●大人情绪常反复无常

长期下来，大人的反复无常会导致孩子出现"我怎么做都做不好，如果我做好了，为什么大人还不满意？一定是我太糟糕了没做好"的思维反应。你要帮自己看到并抚慰心中这股强烈的挫败感，那么你就能降低强烈的自我否定。

你可以做的练习方法是"拥抱挫败"。让挫败的感受充斥着全身，你只是静静地观察自己脆弱的模样，接着告诉自己，挫败是可以被接纳的。只要我们愿意与挫败的感受同在，我们就能知道自己的极限，就不会不断苛求自己。我们更能去看清楚，什么是我们可以做的，什么是我们做不到的，比如让大人不会情绪反复，就是我们做不到的事，而我们要练习对做不到的事情放手。

你可以对自己说："你觉得很挫败，你很想把事情做好，因为你有一颗希望大家都好的心。没关系的，挫败是可以的，因为挫败其实是让你试着找出不同的方向，而挫败也是让你看清楚'这也许不是你该努力的方向了，你需要转向，或练习放下事情、放过自己'。辛苦了，谢谢你一直这么努力，你的努力我看见了，你的善良很珍贵，而我们也可以对自己善良。"然后，给自己温暖厚实的拥抱。

这三个情境与练习，其实原则就是"理解、支持、同在"。这些自我怀疑、自我否定与过度承担现象，都是完美主义者常见的症状，而带来"你不管怎么做，只要是你做出来的事情都不会是好的，所以没有达到标准也只是刚好而已"的后果。

当你认识这三心法后，你会知道，有时你觉得自己做不到的感受背后，其实藏有受伤的阴影。即使在做不到的当下，你也愿意用此三心法；就算练习时遇到困难，一样用此三心法；即使无法立即见效，一样用此三心法，你就能为自己不断累积信心。

在本文中，我们讨论到"形象焦虑"，探讨"经常对自己不满意、觉得自己不够好，甚至认为若我不完美，根本一无是处"的心理状态，而我们可以通过大人经常对孩子指责、大人经常不开心，以及大人情绪反复无常的三个情境练习，试着"理解自己、支持自己、与自己同在"。

当你自我感觉不良好，你会发现，你的人生经常停摆或茫然。你可能会认为自己一辈子也不会有机会有成就或幸福快乐，因此你会否定你所做的一切，你永远不满意自己，甚至一直批评与贬抑自己，而落入只能不断羡慕和嫉妒他人的处境里。

亲爱的，我们都值得拥有满意的人生，而你可以帮助自己的，是看清楚过往那些大人的言语。因为他们对待你的方式，已逐渐成为你内在的一部分，因此使得"自我指责""不开心""对自己决定的反复无常"成了你生活中常见的情节。但当你能看清楚时，你将有能力为自己的生命重新做出选择，有机会跳脱出永恒的自我感觉不良好的模式！

在之后的音频里，我将带你练习"直视他人眼光"。当你长出力量，不再害怕看着他人不满意的样子，也能增加你对自己的支持与接纳，就不用努力形塑完美才会让人喜欢的形象了。

Point of Lesson

既然这些完美的标准是学习来的，
那你就能通过再学习，去修正你的思维与行为。

情绪引导音频 7

"直视他人"练习
卸下对不完美的忧虑，自在做自己

　　深呼吸，吐气。再呼吸，吐气。每一次的呼吸，都让自己更放松、更轻松，每一次的呼吸都让自己更自在、更安在。

　　请想象你在某件事情上做得不够好，请你想象这个画面，感受周围其他的人，仿佛用着异样的眼光看着你。你在画面里独自低头，有点难以面对，甚至想要逃离那个情境。

　　现在，请你走到低着头的自己身后，成为他的后盾、成为他的倚靠，将双手搭在他的肩上。请你轻轻地告诉他："我们一起抬起头来，看看他们吧！"用一个深呼吸放松自己，去直视着周遭的人，去直视着他们，那个感觉带着评价的眼神、那个让你感觉到被责备的模样。

　　当你感觉焦虑，就回到呼吸上。吸气，吐气，放松自己。再一次，让自己直视着他人，这一次让自己眼神更放松，感觉视线穿透了对方，也感觉对方不再对你有影响力。当你觉得焦虑，就回到呼吸上，放松自己。吸气，吐气。你感觉自己的眼神很放松，感觉自己的身体很放松，感觉自己的心情很放松。现在，你已经有能力直视他人与穿透恐惧了。

好，当你准备好了，请你慢慢地张开眼睛回到这里来。

心灵提醒

这个练习在于协助你直视心中想象的评价眼光。当你有能力直视，就不用一直为他人眼光与评价担心，就能更自在地做自己。

竞争焦虑：
若我不努力就输了，失去立足之地

> 世界之大，总有每个人得以立足的地方，
> 而我们总被竞争焦虑限制了想象。

这一篇中，我们将讨论"竞争焦虑"。你常常感受到比较羞愧、羞耻或自己不如人吗？又或是觉得自己若不努力就输了，会失去立足之地？

世界之大，总有你立足的地方

网络的发达，让许多人对网红与自媒体有极大的憧憬，自从五年前我开始经营自己的品牌后，看着许多知识型网红百家

争鸣的局势，总有楼起，总有楼塌。那天与经营自己粉丝页，也是几万粉丝起跳的朋友聊天，他与我聊起他的焦虑，感叹长江后浪推前浪，眼见自己就要"死"在沙滩上，愁眉苦脸地叹着气。他问我："你难道不担心吗？而且你看这些后进的浪潮，真不懂他们怎么'敢'！发几支影片，有了数十万的点赞，就开始去上节目、去企业演讲。"

我说："前浪一定'死'在沙滩上吗？"朋友给了一个"不然呢？"的眼神，我接着说："你有没有想过，可能是你从长江的格局进入大海的格局，也可能是你从液态的格局进入气态的格局，你原本走水战，现在走空战？"朋友一脸蒙样。我说："你何须担心别人来抢你的饭碗呢？你可以选择开心地看着这世界上有许多充满创意又勇于发声的个体。只是无论如何，每个人所呈现的作品都要禁得起时间的考验，又或者，每个知识型网红，都要有持续不断的创造力与学习力，并且深化或广化自己这个赚钱工具。"朋友说："天哪，这些事情我都有想过，但好难说服自己啊！"我说："是很难信任自己吧！你还信任你当初投入的初衷吗？还记得那个眼神发光的自己吗？"朋友喝了口茶，陷入思考中。我说："你已经比当时的自己，外在层次上拥有更多东西了，怎么内在层次开始晃动了呢？"

谈到这里，我想与你分享我在《失落的致富经典》（*The Science of Getting Rich*）这本书上学到'创造致富'的观念。这是一本由华莱士·沃特尔斯（Wallace D. Wattles）所撰写，启发创作全球畅销书《秘密》（*The Secret*）的百年经典，更是名列前五十名的成功学经典。它谈到"创造致富"的概念："如果你真正懂得'创造致富'的道理，就不会掠夺别人，就不会锱铢必较，就不会欺诈行骗，就不会艳羡别人的富有，就不会贪图别人的财产。因为你明白：创造本身就是用之不竭的财富之源，而你可以拥有与他们一样的财富。"

这意味着，世界之大，总有每个人得以立足的地方，而我们总被竞争焦虑限制了想象，总认为自己所拥有的物质世界已经岌岌可危，也因此限缩了你丰富的精神世界。在比较之下，你变得担忧恐惧，生怕自己少做了别人也做过的事；少跟随了哪个潮流，就会少了几百万元的收入。但真正减少的，是你的创造力泉源。你容易因为焦虑，而失去了原有的独特，成为坊间的另一个复制品。

在我的实务经验里观察到，越有竞争焦虑的人，往往越容易对金钱焦虑，这也是为什么会担心别人超越了你。其实你真正担忧的，是自己能不能好好存活，会不会一夕间垮台、被取代、顿失依靠。当你再往焦虑深层的原因探索，会发现，这依旧是来自家族那种对生存的焦虑感。不断驱策自己向前的，往往是你内心深处强烈的失根感，可能你并没有感受到来自家族的支持，或者你害怕自己无法成为支持家族的那个人。

其实是否能生存下来，已经不是这个年代的我们切身关注的议题，因为大多数的我们生活在一个安全无虞的环境里。但我们身上却还承袭着强烈的"生存"恐惧,可能是承袭自曾经穷困过的家人,而这种恐惧会一直强烈督促你一定要做到什么样的程度、取得什么样的成就。

亲爱的,这种穷困感,我有切身的感受,其实那并非物质的穷困,而是心灵的匮乏,而引发的强烈的生存恐惧。

引发竞争意识的匮乏感

接着,让我跟你分享我的生命经验:我一直记得,小时候我对一句话印象深刻:"业精于勤,荒于嬉。"也不知为何它成为我的座右铭。每当我放松休息时就很焦虑,很怕一旦懈怠就会被社会淘汰。而一心在恐惧与担忧中,只会让人失去对身体警讯的敏感度,也不一定会思考逼着我们忙碌的,究竟是不是我们真正渴望的。我们一直茫然地忙碌着,且害怕停下手中事务,以致心中经常会有一股焦躁又空洞的感觉。

小时候的我,常听父亲讲起奋斗的故事,他是一个穷怕了的孩子,家中从一级贫民努力赚钱到三级贫民,终于有了稳定的生活,并且到了根本不用担心经济的地步,但那股"活不下去"的恐惧感一直环绕着他。有趣的是,我妈妈的家族很不一样,外公家族是乡下的望族,所以妈妈其实没有太强烈的生存危机感,只要过得平安开心就好。因此,两个大人在教养上有着不同的观点,妈妈觉得我一个女孩子家,不用太有野心,随便读个家里附近的一般高中就好；但是爸爸身上那种生存的焦虑，却让我觉得，人活着就是要很努力，要证明自己的能耐，不然会被人笑，活不下去也不会有人解救你。

其实有时回头想想，会发现这当中有很多非理性的恐惧，因为这些让我恐惧的事，真的会发生吗？是的，你可能会说，它还是会发生呀！但当你怀疑自己的能力、当你不觉得你是被爱着的时候，这一切自然会发生。因为你一旦失去这份工作，你会找不到下一份工作；或者你失去这个经济支持，便不可能再有下一个；当你有了疾患无法赚钱时，也没有人会理你、帮你。

你内心也有这样的生存恐惧吗？这份恐惧意味着你的家族可能有过"是否能安稳度日"的危机感，也可能你常觉得在家中没有存在感，常感觉被遗忘，而鞭策自己不断往前。可是，亲爱的，你可以回到自己身上，重新看见你现在的生活、你现在的渴望，让自己慢下来，去整理你身上的担忧，然后开始问自己："我不去做，真的就会活不下去吗？""我休息一下，就代表我不负责任吗？""我没有努力，就会输了吗？"然后再问自己："如果这些问句的答案都是：'是'，又会怎么样？"通过一次一次不断自我诘问，一直到你越来越清楚答案为止。

曾经困住我，导致我很害怕竞争，也很害怕失去的真正原因，其实是由三种不信任引起的匮乏感。

● 不相信自己，也就是"自我的匮乏感"

这会使我看不见自己生命的累积、看不见自我的价值，也不相信自己值得被爱、被支持。

●不相信他人，也就是"人际的匮乏感"

我容易对他人有敌意，也容易感受到他人的背叛与掠夺，因此容易嫉妒他人。

●不相信世界，也就是"环境的匮乏感"

这是个相对于世界丰盛的说法，会使我觉得资源匮乏，而想尽办法圈地为王，巩固自己的领域。

看到这儿，你会发现，人们内在各层次的匮乏，会令人有强烈的竞争意识与生存焦虑，而忽略了人与人之间其实可以为善，也可以相互支持；更忽略了每个人的内在，都有独特的天赋与源源不绝的创造力。

如何面对竞争焦虑？

最后，我们来谈如何面对内在匮乏引发的焦虑？

要面对竞争焦虑，你可以做的是：训练你的思维与个人状态。

●调整思维

不要去竞争，要去创造。当这个世界每个人都做自己热爱的事，那便会找到自己独特的天赋，而去营造一个更美好富足的社会。世界是丰盛的，只要你展开行动；世界是慷慨的，只要你愿意努力。反过来看，当你相信的世界是残忍与狭隘的，你就会容易被嫉妒与愤怒环绕，你的行为与决策将充满破坏性，最终毁掉你一手创建的领域。因此，你需要清楚自己看待世界的角度，有意识地去修正思维，你的思想与视野，决定你可以获得财富的程度。

● 调整个人状态

当你的心开始摇晃，代表你的自我价值在摇晃，你需要安顿与肯定自己。当你开始焦虑与担忧，就专心创作；当你对未来心生恐惧，就好好拥抱自己，并与自己对话。而当你不再焦虑，你将发现你内在有源源不绝的点子，因为你一直在创造的路上精进自己，同时别忘了，除了要持续地提升自我，增进自己的知识外，更要强化对自己的认识，更不要忘了提携后进与广结善缘，这些在你身上展现的美好，就能不断形成正向的回路。

其实面对竞争焦虑最有效的方法，就是让自己保持在有创造力的状态下，但你会发现有一件事很困难，就是你有时会觉得枯竭与无力。当一个人失去续航力，却没有良好地调整，就容易陷入强烈的焦虑里，而焦虑会再次挤压创造力，使你落入恶性循环中。

有一本书名为《成功，从聚焦一件事开始》（*The One*

Thing），作者是盖瑞·凯勒（Gary Keller）及杰伊·巴帕森（Jay Papasan）。我读完这本书后，生活态度有了非常大的改变，除了调整生活节奏，还重新规划工作空间，创建了让我可以专心创作的时间和空间。

　　书中提出一个重要的概念："将工作视为两次休息间的活动。"因此你会更有动力工作。在生活节奏上，你会知道，认真工作后你将能获得酬赏。然而，不懂得休息的人，往往不懂得自己的价值，质疑自己在休息时是浪费时间，却在疲累中失去创造力，也累积了许多负面情绪。因此，你要让自己着眼于可以创造的部分，而不是自己匮乏的部分，若你认为"休息的过程是一种不做事的状态"，这就是匮乏思维，反之则是认为"休息的存在，正在维持你创造的活力"。当你能持续在思维与焦虑状态上做调整，相信竞争焦虑就会离你越来越远了！

　　这一篇的音频练习，将带着你进行自我肯定训练。当你可以好好看看自己、欣赏自己，自然就能放松，不论是情绪上或思维上都能全面放松。

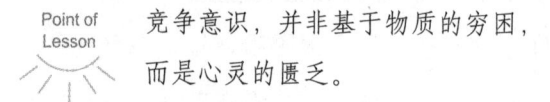

> **Point of Lesson**
> 竞争意识，并非基于物质的穷困，
> 而是心灵的匮乏。

情绪引导音频 ⑧

"自我肯定"练习
回想温暖的人、事、物，获得正面能量

深呼吸，吐气。再呼吸，吐气。每一次的呼吸，都让自己更放松、更轻松。每一次的呼吸都让自己更自在、更安在。

现在，感受你坐在一把自由起飞的椅子上，它可以带着你穿越时空，到任何你想去的时空中。坐在时空椅上，你穿越了时空隧道，过往历史在你眼前无尽飞梭。

现在，请你在你记忆中选择那一个令你感到自卑、羞愧的画面。当你选定好了，请你跟着时空椅，进入画面中。

轻轻地，你看着当时的自己，那个不光彩样子的自己，请你静静地看着他的表情、他的模样。若你感觉抗拒，请用深呼吸来缓和自己，那个让你无法面对的片刻，潜藏着自卑的泉源。当你无法释放感受，就难以自我肯定。

吸气，你感受身上沉重复杂的感觉。呼气，你释放身上沉重复杂的感觉。通过深呼吸，帮助自己稳定内在，你就是定定地去感受。再几个深呼吸给自己，吸气，吐气，再吸气，再吐气。去感受你眼前自卑、羞愧的自己。

现在，请你感觉你的头顶有一道光芒，那一道温暖又舒服的光芒。你感觉到光芒向上延展至天空，到遥远看不见的天际。你感受这道光芒输入源源不绝的温暖，让你的身体与心里跟着温暖了起来，在你暖暖的心里慢慢漾起微笑。你回忆起在过往历史中，所有对你好过的人，这道光束是他们善良的集合。你也想起过往让你微笑的事物，这道光束同时是你生命幸福能量的集合。吸气，你感受这股善良的能量。吐气，你谢谢这股善良的能量。吸气，你感受这股幸福的能量。吐气，你谢谢这股幸福的能量。

现在，请你用这股在心里绽放的善良与幸福，对自卑的自己微笑。用微笑的眼睛，定定地注视着自卑的自己。每一次的紧绷，都用更深沉的呼吸，安抚自己。接着，再次微笑地看着自己，你感受到原本在心中的羞愧与焦虑，在你的微笑注视中，慢慢平静沉淀下来。

好，当你准备好了，你可以慢慢地回到这里来。

心灵提醒

这个练习是帮助当下感到自卑与羞愧的自己，通过回想过往你所感受到美好温暖的人、事、物的支持，帮助你有力量面对阴暗的内在。让你原本心中的羞愧与焦虑，随着这股温暖力量的抚慰，得以转化而回归平静与平稳。

拖延焦虑：
很多事要做，却力不从心

> 你做的许多事是否都是为了让身旁的人开心，却疏忽了自己的事呢？

完美主义者，往往也有拖延毛病

还记得在"形象焦虑"这一篇，我们谈到完美主义吗？在实务工作中有非常多习惯拖延者，他们都具备完美主义的特质，对事情经常在脑中有长远又完善的规划，但迟迟不肯动手。我们在"形象焦虑"中曾探讨道：完美主义者最大的问题，在于他们想要完成不可能的任务，于是把目标设定过高，仿佛神一般的目标，或者制定无法在时限内完成的目标，如一周内瘦十公斤。但当自己做不到时又难以妥协，甚至强烈批评苛责自己，而不断衍生出强烈不满足的情绪，甚至自我厌恶。

因此，若你有"形象焦虑"的情况，往往也会出现"拖延焦虑"，而你内心的担忧可分为三个方面。

●害怕他人眼光

你希望一出手就有好成绩，让人感到惊艳与优秀，你无法容忍自己在他人眼中不够好的形象，但也因为太顾忌他人眼光，在没有准备到近乎完美时，你不愿意开始任何行动。

让我跟你分享小芳的故事。小芳在行销领域工作多年，一直以来都在很知名的大型电商公司工作，但她一直有职场关系的困扰，觉得老板经常挑她毛病，甚至觉得自己才华不被老板赏识，更常批评老板短视近利。

在细探小芳的工作表现后，我才发现有许多令人匪夷所思的地方。例如，老板在月初请小芳完成一份行销分析报告，小芳认真投入地进行，而月底就是缴交的期限，大伙希望凭借这份专业的分析报告，进行后续规划。结果小芳整整迟交了一个月，原因是她需要搜集足够的东西方文献，直到完成五十页的报告，才缴交专业行销分析报告。

老板因为催促到无奈，开始执行其他专案，原封不动地退回小芳的行销报告，而整个行销团队也不再有人和她说话。没多久，小芳就收到离职面谈了，而她依旧认为自己的报告没被赏识与看重，是公司极大的损失。

小芳严重的完美主义，已经到了极度自我中心的状态。也就是她无法顾及团队与公司的需求，过于在乎自己产出的作品，又相当愤怒自己的创作不被认同，因此在职场上一直处于负面循环的处境。最终她的情绪也出状况，变得更难谅解自己与他人。生病后，小芳出勤的状况更糟，严重迟到甚至无法起床上班，成为职场中让人头疼的人物，最后没有任何人愿意再出面为小芳说话。

听完小芳的故事，也许你会庆幸自己还不到会严重迟交或无故缺席的地步，但也提醒你重新思考，你对手边某些重要性高的事物，包括公事或人生大事，是否也常有莫名的忧虑呢？在小芳的例子里，除了因完美主义而害怕失去颜面之外，其实还有另外两种忧虑，分别是害怕失败与害怕后悔。

● 害怕失败

人们常说"三思而后行"，勉励人不要鲁莽行事，能够一番规划思索后再行动；但有些人是"三思而不行"，也就是想了半天却没有采取行动，总是一张嘴说"那是因为我没有做，不然我早就有一番惊人的成就"这种自我安慰的话。其实这背后就是我们在第一章中谈到的三大焦虑之一，也就是害怕失败而迟迟不敢有所作为。因担心自己真正采取行动，就没有任何借口，失败时就必须承认自己能力不足。

●害怕后悔

这其实是自己不愿承担后果的状态。你要问问自己：每一个发生在你身上的事件、所做的决策，你是否愿意承受？想要克服害怕后悔的状态，就是你要练习直视自己，学会"承受"，承担一切因果，接受一切在自己身上发生的决策的总和。不论是不是符合你的预期，都重新去理解何以这个结果和状态会发生在自己身上，学会与此共存，不批判自己也不怨天尤人。说得白话一点，就是学会放过自己，也理解自己。

很多时候，我们都是待时过境迁，当自己拥有比当时更多的知识和资讯后，再去批判早些时候的自己，认为自己愚蠢或做出粗糙的决定，但却忘了，我们已经在当时尽了最大的力气。即使你觉得你没有努力，可能你心理上正遭遇着某些情绪困扰，或时间、精力的限制，致使你无法发挥最大的力量，又或者是你害怕尽全力后还是不够好，因此你为自己保留后路，让自己得以批评自己："对，你就是这么散漫，没有尽全力。"而你当时无法做出最好的表现，也是肇因于"情绪上的限制"。

亲爱的，当你拥有承受的能力，以及全观性地理解自己，你将能变得负责和成熟，同时拥有更多的自由，不再依赖他人的认可或需要别人帮忙做决定，也不会因为事情不如预期就怪东怪西了。你会发现，不后悔，其实就是与自己和解。

占去脑部能量的"我执"

接下来，我想与你从另一个观点来探讨"拖延"，从脑科学的角度，带你理解大脑的运作。

《最高休息法》这本书的作者是耶鲁大学从事精神医疗研究的日本学者久贺谷亮。书中提到脑器官占了体重百分之二，却耗费人体总消耗能量的百分之二十，而大脑消耗的能量多半用于"预设模式网络"（Defualt Mode Network，DMN），又它被称为"大脑暗能量"，会在大脑没有进行有意识的活动时，执行基本运作。

你可以把它想象成汽车怠速的状态，或大脑在自动导航的状态。当你什么都不做、发呆时，DMN 也会运作，而 DMN 的运作又占大脑消耗能量的百分之六十到八十。相反地，当我们进行任何有意识的活动，只需增加百分之五左右的能量，这也显见 DMN 多么容易让一个人疲劳。这是作者写这本书的原因之一，通过正念冥想可以有效抑制 DMN 的活动，让大脑得到真正的休息。

与 DMN 有关的大脑部位是"自我本位的'我执'"，也就是与自己有关的执念。越容易自我谴责、充满忧虑的人，越容易浪费脑部能量，而忧郁症者经常反复出现的负面思维，如："我当时要是那么做就好了！"这类的反刍思考，就与大脑疲劳直接相关。

让我再拓展"我执"的说法。其实脑部的疲劳与"过去、未来"有关，也就是你会惦记着已结束的事、烦恼之后即将发生的事。因此你会发现，有强烈情绪困扰者，经常很多事情做不了或做不好，因为脑袋一直盘旋着过去与未来，而忽略当下。有时一不小心又搞砸眼前的事情，因而累积更多不愉快的经历，对外在世界产生更多恐慌，陷入恶性循环中。这其实是你一直惦记着生命中的"未完成事务"，也就是 unfinished business。从日常生活简单的事件来说，就像你开了燃气煮水，但当你走去做其他事而没有留意时，你会一直觉得似乎有件事还没完成而心神不宁。当你想起来，去把炉火关掉，这件事对你而言便不必再上心，它也就过去了。

所以在未完成事务这个范畴中，我想与你探讨两个层次。

●第一层次：生活中的待办事项

当生活中的待办事项过多，我们一样可以回到"我执"的概念来思考，因为这背后的心理因素往往是"我想要"，想要什么呢？

1. 想要抓住与掌控

在创业初期时，我总是习惯多头马车地开启很多项目，结果搞得大家鸡飞狗跳。除了工作顺序容易紊乱，很多事情也常常卡在一起无法顺利进行。每天日程表打开总有一堆待办事项，每天都觉得心很累。有时其实是心中太渴望功成名就，想要抓住许多机会，而不断压榨自己，这背后的驱动力依旧是对失败与生存的焦虑，想抓取太多让自己超出负荷的事务。

2. 想要被爱与认可

想想你的待办事项中，有多少与他人有关？例如，带母亲去看医生、帮老公缴停车费、陪好友去逛街等。你的生活是否环绕着许多事情，都是为了让身旁的人开心，取得家人朋友的认可，却在"做自己"这一环节上失衡，疏忽自己的事了呢？

面对待办事项，其实最重要的是直接起身去做，从你觉得最能控制的那件事开始着手，不让继续增加的待办清单压垮你。可是，若你没有看顾"我执"，就会让待办事项不断增长，大脑一旦知道还有事情没完成，就会不断反刍提醒自己，除了耗费脑力，也会在情绪层次产生许多忧虑，因而在行为上变得急躁，或者反向变得散漫无力。

静下心来，回到自己身上，什么事是你真正想要的，而不是出于恐惧而做的？什么事做了会让你咯咯地笑，而不是不做就会被讨厌？

谈完"生活中的待办事项"这个未完成事务后，我想与你谈谈另一个更大更深的议题——"生命里的陈年伤痛"。

●第二层次：生命里的陈年伤痛

童年的创伤、家人的失和、朋友或情人的背叛，这些生命里的重大议题会产生一缸子的情绪，让人变得沉重有负担。这也是为什么很多人在失去关系或失去家人后，会将自己的行程填满，让自己无暇思考。因为一旦脑袋不忙碌，就会立刻跳出急需处理的人生课题，而多数人认为如果停下来去面对，会产生太多不必要的情绪，让自己的生活更失控。

亲爱的，其实那些情绪都是必须经历的，而我们欠缺的，是看懂并安抚情绪的能力。出于生命事件所产生的情绪，往往有两种。

1. 失望

如果让你受伤难过的人还在你身边，情绪大约会环绕在失望上。例如，你有个不够好的父亲、不合理的上司、不贴心的伴侣，这些不如你意的人、事、物，往往令人生气愤恨，引发许多埋怨与指责。其实是因为我们对这些人、事、物有一定程度的期望，但事与愿违的失望，占据了大量的思维与情绪空间。

当你愿意看穿自己对人的愤怒背后，其实是失望，你就能接触失望情绪，从中厘清你的期望，问自己："这期望合理吗？如果对方一直做不到呢？我可以接受失望吗？"

当你愿意接受生命里有失望，你会开始放松，甚至放手，反而能更看懂那些让你失望的人、事、物最原初的本质，而在原本令你失望的事件里，找到内心的平静。

2. 失落

让你受伤难过的人离开你时，所感受到的情绪大多以失落居多。当我们失去重要的财产、地位与关系时，往往需要一段时间哀悼，而有时正常的哀悼期很长，这会使得自己不断在情绪低落与澎湃间徘徊。但我们很容易因为不理解，心生焦虑与回避。为了避免自己一直耽溺于情绪，就让自己沉浸在各种忙碌里。

我常会提醒在生命里经历低潮、失去重要人事物的人，要帮助自己"在人前坚强，在人后真实"，也就是留时间给自己独处，好好面对内心空洞。内在的空洞与悲伤，并不会因为你面对后，被放大到难以收拾，反而会因为被看见而得到释放，也能更快获得内心平静。

情绪代谢，找回专注力

我们从大脑的层次讨论到心理的自动导航状态，而进一步谈到当人们在此状态下，大部分的心思会被生命里的未完成事务给占据。

但除了上述提出的建议外，最后，我也提供给你，当情绪与大脑过劳时，你可以立即为自己做的两件事。

●让自己大哭或大笑一场

力不从心、动弹不得时，体内的感受就像是一潭死水，因此，通过让身体新陈代谢，可以协助情绪与思绪也新陈代谢。你可以看一部赚人热泪的肥皂剧，让自己大哭一场，或搞笑剧大笑一场，这作用在于让情绪得以流动，让心中满溢的情绪有机会找到出口，好好清理一番。当你能放松自己的脑袋与身体，让情绪一次性宣泄，就能在隔日感觉轻松并多一些动力。记得，脑袋与身体要同时放松，而不是一边休息、一边责备自己怎么在这耍废，如此情绪代谢才有用。

● 从过度焦虑中获得喘息

如果做不了正事，那么就做你可以做的事。有些人在极度焦虑的状态中会开始大扫除，把马桶刷得特别干净，这也是一种调节焦虑的方法，原理在于帮助自己将专注力转移到能控制的事情上，或者完成某一件事，让自己恢复对生活的掌控感。因此，有些人除了打扫外，可能会专注做菜、专注创作，通过某些手做的事物，将专注力放在动作上，而不是一直在脑海中盘旋。这可以让大脑好好休息，又能通过成就感与掌控感的强化，增加自我力量，少了力不从心的感受。

在接下来的音频练习中，会通过正念呼吸，帮助你找回此时此刻的力量，让你重新掌握意识的锚，随时都能掌握思绪的节奏，维持大脑的能量，就不会再为大脑与情绪疲劳所苦了。

Point of Lesson 面对待办事项，其实最重要的是直接起身去做，从你觉得最能控制的那件事开始着手。

情绪引导音频 ⑨

"正念呼吸"练习
回到当下，真正与自己同在

现在，我们一起进行正念呼吸冥想。

请为自己找到一个安静不被打扰的空间。调整你的坐姿，让臀部舒服地坐在座垫上，挺直你的脊椎，同时放松你的背部，让坐骨稳稳地扎在座垫上。双手放松自然地放在你的膝盖上，双腿可以用散盘坐着，不用刻意交叠。让肩膀放松不耸肩，感觉你的头在你的脊柱正上方，轻松地闭上眼睛。你也可以半张开眼睛，望向前方两米左右的位置，让眼球放松。

坐稳后，让你的专注力来到你的呼吸上，感受你的鼻息。

深呼吸，感觉空气进入鼻腔的感受。

吐气，感觉温暖的空气呼出鼻腔的感受。

再次深呼吸，感觉胸腔的扩张。

再次吐气，感觉将体内的秽气呼出。

拉长每一次的呼吸，感觉你的身体越来越放松，越来越轻松。

接着，为你的呼吸加上次数，每十个一循环。

吸……吐……一……吸……吐……二……吸……吐……三……吸……吐……四……吸……吐……五……吸……吐……六……吸……吐……七……吸……吐……八……吸……吐……九……吸……吐……十……再回到吸……吐……一……

当你的脑海浮现杂念，你可以将它轻轻拨到一旁，再一次回到呼吸上。呼吸是"意识的锚"，产生杂念是很正常的，不必过度苛求。

接下来，音乐将陪你自主练习五分钟。

心灵提醒

这个冥想练习帮助你更收摄你的感官，帮助你的大脑从疲劳中迅速恢复，回到此时此刻的情境，而不会意念飞驰，发散你的精力。这些导致你更容易注意力涣散，也更容易焦虑，因此无法集中精神、无精打采、焦躁不安等，这都是脑部疲劳的征兆。其根本原因就在于，意识始终朝向过去或未来，不在"此时此地"，这也是大脑长期以来的恶习。这时，请进行"正念呼吸冥想"，将意识导向当下，以建立出不易疲劳的大脑。

当你现在可以接纳身体所感受到的一切思绪，当你可以清晰地觉察自己，就能让心安静下来，在过程发展出专注和平和，而真正与自己同在。这个练习可以让你剥开表层的烦躁不安，直达内心深层的寂静与自在。

亲爱的，每当你的心浮动或不安时，你都可以再次打开此音频来练习，你就能越来越稳定自在了。

死亡焦虑：
有一天，你会不会离开我？

> 当你无法面对过往失去的悲伤，
> 会加强对死亡与疾病的焦虑。

几个月前，有一个许久没见的朋友突然找到我。他告诉我，他最近失眠的问题非常严重，会莫名恐慌许多事情，突然很害怕死亡找上门来，既害怕时间的流逝，也会一直想到亲人死亡的恐惧，他脑海中只要不小心跑出一点亲人逝去的画面就会泪流不止。

我问他，是不是身边最近有人生病了？因为这似乎是过往的伤痛经历被勾起的缘故。他则告诉我，他最近感染了 A 型流感，母亲正在照顾他。

生病会带来身体的虚弱疲累感，也会带来心理的脆弱无助感，在此当下也容易唤起我们过往对于生病或面对死亡的经验。

一旦过往生病与死亡的焦虑没有被好好处理，在被唤醒那一刻往往会有加成反应，我们称此为延宕悲伤反应。

所谓延宕的悲伤反应，又称为被禁止、压抑或延后的悲伤。这是指自己对悲伤的感受很强。当进一步检视时，你会发觉这样的悲伤常是源自过去失落经验中未解决的悲伤。由于当事人在初次发生失落时，其情绪未能有效纾解，当再度面临类似的悲伤时，反而会出现过多或过强的悲伤反应。

说到这里，我想你会发现，死亡与疾病的焦虑，与悲伤的处理有关。当你无法面对悲伤，会衍生出逃避与恐惧的心情，更无法面对死亡与疾病，也加强了对死亡与疾病的焦虑。

生命中最永恒不变的就是"变"

首先，就让我们来说说生老病死的循环吧！

生老病死其实是人生的循环，也是人生必经之路，但也因为这生命的历程充满未知与消逝感，而产生许多忧虑和恐惧。接下来，我就分别用生老病死四种状态来说明。

● 生

当一个人可以好好生活，其实也能好好面对死亡。因为当你用心生活的每一刻，你会让自己专注地活在当下，充盈地实现自己，自在地面对死亡。但更多时候是我们花太多时间悔恨过去、忧虑未来，而没有将心思运用在眼前，因此光是面对生存这件事，就充满了焦虑。

●老

老化是生命不可避免的，但老的意涵也在于代谢旧有的、不合时宜的状态，同时也在于常年经验的积累，让适合的事物可以继续传承的过程。但老化总让人不断看见失去，却不一定懂得珍惜拥有过的经验，与生命经历淬炼后的沉稳与价值。当一个人总是专注于失去的痛苦，就会在触及老化的议题里忧虑青春年华逝去、体力与精力不再，担忧自己失去竞争力，是否就可能失去被爱的可能性，或失去生存的能力。埃里克森心理社会发展理论中提到，老年的人格发展任务在于"统整"。也就是当个人回顾生命而感到较多的个人价值、较少的懊悔时，通常就是一位自我统整的人。一位不能自我统整的人，将产生绝望、无助、愧疚、怨恨、自我拒绝的感觉。

因此，即使在探讨老化的课题，你会发现这依旧与自我的稳定度有关。自己能否跨越对老化的忧虑，须能看见生命的积累，统整生命经验。

●病

身心失衡往往会导致疾病发生。2003年的SARS与2020年的新冠肺炎等传染病，就是人类与动物之间失衡的展现，或是人类与环境的失衡。其实生病带给人的意义，在于反思生活方式，并且重新安养生息，由内而外调整自己，才能再进入新的平衡。

然而，生病会带来痛苦的折磨与绝望感。当你一直忧虑可能出现的疾病，非常容易因为情绪而降低身上的免疫力。当你对疾病过度担忧而消耗大量精力在其中时，会让自己无法脚踏实地生活，也无法专注于享受当下。因此当疾病真正发生时，除了身心的痛苦之外，还会附带着对生活强烈的失落与悔恨感，觉得生命既空洞又无望。

另一层次，则比较可能是你曾经有过目睹他人生病的经历，了解当他人被病痛折腾得失去原有的光彩，心里感到无能为力的状态。因此，如何好好理解疾病的意义，转化疾病的负面意涵，全面检视自我，才能真正与自己的身体以及环境好好和平共存。

●死

对死亡的忧虑，往往延续自老化与疾病的焦虑，也是一种觉得自己生命没有活出该有的精彩本质、还有很多事情没完成的后悔，或者想象死亡也是另一种更深层的痛楚与折磨。

另一个层次，则是出于对灾难与意外的恐慌感。因为曾经对突然失去的悲伤太过浓烈，则可能导致对身旁关系有过强的忧虑与控制，造成关系的压迫感。这种强制性地照顾他人，往往也是对逝去关系的一种补偿。希望借由紧密的联结来消除对逝去者的罪恶感，同时填补内心的空洞感。

因此，当一个人倾注大量心思在老化、疾病与死亡的忧虑上，自然会影响到当下的生活，不断空转，生活开始忙乱潦草，最后难以脚踏实地地感受到自己所拥有的人、事、物，更专注在那些害怕失去与无法掌握的状态里。

这也是我下一部分要与你讨论的，为什么我们总是记住"失去的痛苦"，而忘记"拥有的幸福"，这就与个人心理运作机制有关。坦白地说，生命是公平的，每个人都必然会经历生活与死亡的阶段。

生命中最永恒不变的定律，就是"变"，你无法改变宇宙的原则。生命的规律就如同四季更迭、昼夜转换，因此才能生生不息。

但因为面对眼前已经拥有的，我们除了不想承受失去之外，也不想面对失去后那股未知与变动感，因此在拥有的熟悉感里会相对安全。这种害怕失去所有物的心理，被称为"损失规避"（Lost Aversion），接下来，我就用一个心理实验来让大家理解这种心态。

"失去的痛"比"得到的快乐"更难承受

2010年时,有一群经济学家,试图以金钱为诱,达到教育品质的提升。简单来说,就是在事前告诉老师,如果他达到良好的教学表现,学生也有优异成绩,他们就可以得到高额红利。

当时,总共有一百五十名教师参与这个实验研究。其中有一半的人会在期末才拿到钱,而另一半的人则在学期初时就会先拿到奖金,但前提是,如果评量后的成绩不好,需要退回部分的奖金。研究中,其他因素,包括奖金额度和评量标准等条件都是相同的。

你可能会觉得,只要能拿到奖金,结果应该差不了多少。可是研究结果显示,学期初就领到红利的老师,在期末的表现更好,而且和另一组教师的表现相比,差异极大。根据研究团队的分析,之所以会有这么大的落差,就是因为"损失规避",也就是害怕失去所有物的心理。

"失去"比"得到"承受了更多的情感波动,这使得"失去的痛"远比"得到的快乐"更让人难以承受,就算两者质量相等也是如此。

这就是为什么学期初拿到奖金的老师们,会更卖力地教书,更力求优良表现,因为他们生怕失去已经得到的奖金啊!所以,换个角度来看,"害怕失去"比"可能得到"更能成为一个人的前进动力。

举个简单的例子，有一个一岁大喜欢玩玩具球的小女孩，一天到晚紧抓着球在家里走来走去。如果我今天再给她一颗球，她可能会开心地从我手上接过那颗球，并给我一个微笑；但若我从她手中夺走她拥有的玩具球，她可能不只对我生气，更可能会歇斯底里地放声大哭。这样得与失之间的关系，就是我们上述所提到的经济原则：失去一颗球的痛苦，远比得到一颗球的喜悦，要大许多。

所以，失去的痛苦感容易困在心中难以排解，但拥有的幸福感不会。因此，你对生老病死的焦虑，很大原因与你过往经历过的失去有关。而上述这些观念都不难理解，真正困难的，是如何好好面对失去，接纳失去的事实。所以，接下来我想与你谈谈，如何释放逝去的悲伤。

悲伤，是人在适应失去

亲爱的，你有过痛哭伤心的经历吗？当你失去挚亲、挚友或是伴侣，那种撕心裂肺的感受，在你感受到痛苦的那一刻，像是把你推入无尽的深渊中，你被广阔黝黑的像是虫洞般的物质吸入，你感觉到身心的沉重与无力，又是飘浮、又是坠落、又是瘫软地在这痛苦的哀伤里。

我曾用接下来的练习，引导着前面那位对死亡忧虑的朋友，走出失去的伤痛。

"你好伤心、好难过……"我坐在旁边轻轻地说着。他剧烈地颤抖着。

"你感觉自己像是不断地坠落……"每一句话之间，我都隔了一段时间。我等着他，等他在伤心的时候，还可以跟上我说的话。

"现在，我陪着你一起。在不远处飞来了魔毯，接住不断坠落中的我们。"我依旧缓慢地说着。看着他抖动的肩膀，稍微缓和下来。

"我们一起在魔毯上，一起轻轻地、慢慢地，降落在地面。"

"你感觉自己的双臀、双脚，踏实地贴在地面上。"

"你是安全的，很快就会没事了。"我带着他，引导着他的情绪，像是坐云霄飞车一样，一开始从爬坡道急速下降，却不知道会冲去哪，直到冷静与缓和下来，让他感觉回到现实。

伤心向来都不好受，可是当伤心真正发生，却没有任何人可以移除。即便是助人者可以做的，也仅是陪伴。然而，当伤心来袭，为了让自己不陷入再一次的恐慌、不安与深层的忧郁，最重要的是，让自己"接地"，也就是让自己知道："我现在、此时此刻是安全的，我在这里，我在这片土地上。而这片土地、这个空间允许我悲伤，我不会又坠落又失根地飘荡在不知名的世界里。而我也知道，经过这番心情的跌宕，我会恢复、我会回到原本情绪的状态。"

有时候，伤心最令人害怕的，是你不知道会经历多久，也不知道什么时候会好起来，更害怕那种陷进去，又需要花很大的力气爬起来的感受。但其实，悲伤是人在经历失去的适应历程。没有了悲伤，我们会在情感上一直无法释怀，一直不相信，也不接受亲爱的人已经离开。而在压抑悲伤的过程里，导致忧郁或其他情绪上的疾病，所以才会有悲伤的存在。因为它在，让我们有机会，好好重新迈步向前。

所以亲爱的，不用害怕悲伤，好好拥抱悲伤，只要记得让悲伤和自己与此时此地轻巧地连在一起。在悲伤的同时，提醒自己仍被这片土地所支持着；在悲伤流逝后，提醒自己曾经被好好爱着，那悲伤就只是带给你成长与前进的过客了。

当面对曾经逝去的悲伤，长出可以承受与掌控的心理调节能力后，你对于失去的害怕与焦虑感就能降低。当你理解正常悲伤的哀悼历程就是一种适应状态，你就能接纳生命中的起伏，顺应与安在地生活了。

接下来的音频练习，主要是针对你出现强烈难以忍受的情绪所引发焦虑的时刻，你可以为自己做到承接情绪与重新导向思绪，拿回主导意识的状态。当我们有能力掌握情绪，就能逐步穿越对生老病死的焦虑了。

> Point of Lesson
>
> "害怕失去的痛苦"，
> 比"可能得到的快乐"更能成为一个人的前进动力。

情绪引导音频 10

"阿拉丁魔毯"练习

悲伤失落时，寻回内心定锚

当你充满负面情绪，尤其是强烈的悲伤所带来的恐慌与无助感时，你可能会感觉到自己在坠落，坠落至伸手不见五指的黑暗深渊中。你觉得自己在急速坠落中恐惧地挣扎着，无助地试着攀附、寻找任何可以攀附的物品。

这时，请想象你的面前迎来阿拉丁魔毯，它迅速地飞到你面前，稳健地包覆你正在坠落的身体。你感觉身体在急速坠落中有了安全的支撑与缓冲，速度一下减慢许多。魔毯轻轻地拍拍你，示意你可以抓住它前面的两个角，当成你指挥的遥控杆。现在你从不断坠落与恐慌的状态，转变成可以掌控魔毯的阿拉丁，你可以自由升降你的位置，你也可以离开这黑暗的山谷。

你知道你不会再坠落，你也知道你不会惨烈地摔跌在谷底。

你可以掌握自己的状态，你也可以决定你的位置，更可以决定你要去哪里。

现在，请你待在魔毯上，给自己三个深呼吸，再次调节你的情绪。

吸气，我看见伤心；呼气，我释放伤心。

吸气，我感受伤心；呼气，我放开伤心。

吸气，我碰触伤心；呼气，我松开伤心。

接着，请你对自己说：

谢谢你，愿意对自己的情绪诚实。

对不起，让你经历这一切，累积这些情绪。

请原谅我，过往并不知道怎么承接情绪。

我爱你，不管你有什么情绪，我都愿意陪伴你。

当你完成了呼吸，与这四句话，请再给自己三个深呼吸。

现在，你可以指挥着魔毯，伴随着三分钟的音乐，遨游在你异想的世界中了。

心灵提醒

这个练习提供你支持与承接的感受。当你感到强烈情绪或巨大心灵黑洞时，可以通过此音频帮助自己，找到内心的定锚，不会让情绪大起大落，而是可以控制的感受。这会带给你很大的安全感与安定感，甚至会因为你能稳定自己一直以来难以稳定的心情，而开始拥有自信。

亲爱的，希望你学会这个情绪承接方式后，能不再害怕自己的情绪，进而降低因情绪困扰而引起的焦虑反应。

/ Chapter 4 /

修正内在声音，
成为自己永恒的守护者

现在，你要开始为自己挡风遮雨，
给自己温暖倚靠的臂膀，
带着曾经无助的内在小孩离开那个受苦的环境，
成为内在小孩永恒的守护者。

与焦虑保持距离：
"书写与视框移转法"

> 我们知道，自我成长重要的第一步，就是面对自己。但为什么面对自己这么难呢？

最后一章中，我们将进到第三阶段"面对焦虑的实践心法"，与你一起更深度地面对焦虑，同时，引导你修正内在声音、拥抱内在小孩。

首先，我将带你通过"书写与视框移转法"练习与焦虑保持距离。

很多人会问我，如何面对自己的过去？如何消除内在各种嘈杂的声音？又如何可以放下、不再纠结？这些看似不同又琳琅满目的议题，对我而言，其实都是万法归一的解答：就是真实面对自己，与自我和解。

想达到内心平静，要能做到内在的和谐与安定，那么这又是什么状态呢？就像是任何事情发生在你身上，你都有能力稳定地看待。即使现在心有波澜，你也不会对这个波澜做出好坏对错的评断，你清楚地知道自己能够度过这一切。

我们知道，自我成长重要的第一步，就是面对自己。

但为什么面对自己这么难呢？

亲爱的，当你对自身有根深蒂固的负面看法时，很容易下意识地认为任何与你有关的事物都是不好的，而使你难以接近与面对自己。当你对情绪有负面标签，而自己身上出现情绪时，就会有双重的负向感受。倘若你长期有负向情绪又无法解决时，会更容易厌恶自己，因为情绪同时影响你的行为能力、处事能力，更影响你的思维与看事情的角度，使你的生活或生命停滞，失去希望与活力。

当一个人对自己厌恶，难免也会对身旁的人有情绪；当你无法靠近自己、原谅自己，自然也难以原谅他人。因为原谅与和解最基础的能力，是奠定在对人性的理解上，所以理解、同理自己与他人，是迈向内心平静相当重要的能力，却也是焦虑的人时常缺乏的。

从第二、三章所面临的焦虑时刻与情境中，我相信你已经逐渐意识到，焦虑是一种自我状态的内忧外患。我们一边自我苛责、自我挫败，一边在意外界眼光，而形成认同上瘾症。因此，要能真实面对自己，降低焦虑对自身的影响，就要能提高自我的稳定度，长出对自我稳定又一致的看法，这样就能在情绪上与思维上保持平稳，自然在行动上也能带着觉察。所以，你会问，具体而言可以怎么帮助自己提高同理的能力呢？

接下来，我会介绍两个方法："书写法"与"视框移转法"。我在工作坊中，经常用来引导学员练习，也是很容易操作的方法，让我更细致地为你说明。

与焦虑保持距离方法一：书写法

有人会说是"自由书写"或"心灵书写"，你只要拿着笔与笔记本，就能自己做到，只是在书写的过程中有几个原则：

①不要停；

②不要改；

③不要担心；

④不要思考；

⑤不要过滤。

简单来说，就是不要过度担心社会价值观、框架等准则，不评判自己写下的东西。当你不需要担心评判，内在世界才能如实地被打开。再者，不要过度运用大脑思考，因为大脑会想着对错好坏、会想要过滤掉不合逻辑的内容。当你不再全然听信你大脑的声音，内心最诚实的声音才能流畅地表达。有趣的是，当你自由书写时，文字会带动文字，勾勒出你内心最深处的感受，这也是为何许多心理工作者会推崇此法的原因。因为书写可以唤醒失落的内在世界与被压抑的声音，因此许多人能在这书写的过程中，好好听见内在声音，而感觉自己被疗愈，自然能强化自我的稳定度。

然而，在我的工作坊带领经验中，容易焦虑的人在书写事件时，叙述中常出现以下三种样貌。

● 叙述中缺乏主语

当一个人有足够稳定的自我观点，在描述事情时，自然会用"我"来出发，像是："我一早出门时，准备去买杯咖啡，结果他们今天突然公休，我觉得好失望！"

当你发生一件事，你会用主语来表达你的所思所感，但若你缺乏反思或经常忽略自我，这样的状态会展现在你的书写中，更会展现在人际互动的对话中，常让人不清楚你真实的感受，容易不自觉忽略你的感受。

因此，如果你发现自己的叙述里经常缺乏主语，很重要的练习是，开始多运用"我"，如"我觉得""我在想""我认为"等，去表达你的所思所感，在人际中强化自我的状态。

● **充满他人的对话**

当一个人总是在乎他人或在乎情境，却忽略自己时，就容易在书写中充斥着大量他人的话语，往往将他人的话牢记在心中，反而忽略自己内在真正的感受。当你习惯牢记他人的话，自然容易因为他人的观感而动摇自我。

因此，对你而言，很重要的练习是，你是否能在描述他人话语时，也清楚自己想要表达的讯息，两边并重才能在自我与他人之间取得平衡。

● **对自己、对事件有大量批评的词汇**

当一个人在无差别的自我否定时，就容易在描述事件中有大量负面与批评的词语，往往在自由书写时，会越写越绝望。

因此，对你而言，很重要的练习是，帮助自己有意识地运用中性的词汇，比如当你要说"我就是这么没用，这个问题根本无法解决"的时候，你可以转而使用"这个问题很有挑战性，我要花一点时间来处理"。

谈到这里，建议你可以先暂停阅读。现在，立刻让自己拿起笔来，去练习书写最近一件梗在你胸口的事。让自己静下心来练习，并在书写完后把它念一遍试试看，你会有不同的感受。

与焦虑保持距离方法二：视框移转法

"视框移转法"又被称为"心理位移法"，这个方法最早是由台湾的心理学家金树人教授于 2005 年提出。其特色是在日记书写中，以"我""你""他"三个不同的人称代词，分别为主语去述说同一事件，以达到从不同视角来审视和觉察情绪的目的。

在操作上，你可以直接使用第一种方法中自由书写的内容，再使用第二种方法来操作，就能帮助自己用不同视角来审视同一件事，同时更拓展对自我的认知，觉察到更深层的情绪。

在研究上发现，"视框移转法"之中的三种角色各自有其独特的风貌：

在"我"的角色，你容易沉浸在强烈的情绪状态中，容易放大自己，聚焦在自己的痛苦中，也容易陷入负面情绪里，产生隧道视野，难以看清楚事情的全貌。有时候我会说，这就是与自己、与事件贴得太近。

在"你"的角色，你会感觉似乎有另一个完全懂你的人在说话，你感觉他跟你在同一个盒子里，一面跟着你一同经历这件事，一面深受同理包容、照顾关爱。当你的叙述中有大量批评时，你会觉得被指责挑剔、质疑或怀疑。在这个角色上，你会感觉到与自己拉开距离，却很亲近地观照与批评，让你原本的激动或负面情绪变得平缓。

到了"他"的角色,你会感觉像在看电影一样,隔空观赏他人的故事,就像跳出前两个角色的盒子,视野变得纵观全场,甚至有机会通透整个事件与人、事、物的脉络,看懂始末,因此心态上转趋理性客观。也有人会感觉像时过境迁般,这就有助于你拓展视野、重新启动对事物的理性思考。

整体来说,"我"带有的负向情绪最高,容易让你陷入困境动弹不得,也容易陷入自我批评与谴责的窠臼中;"你"兼具关怀支持与批评指责,有机会提高自我疼惜与自我同理,强化对自我的稳定度;"他"则显示出你对事件理解的程度,因而有能力客观辩证。

所以"心理位移"的帮助在于,能让你与自我保持距离,同时也能与焦虑保持距离。但最重要的是,通过如此拉开距离的动作,帮你长出"后设认知"的能力,就像是长出一台随身摄影机,能够为你拍摄你的所作所为、所思所感,让你有办法重新检视自己。当你有能力看见,你就能够提醒自己停下来,更能够提醒自己转个方向。你会发现,我们的内在无时无刻都在对话,而自我疼惜的对话能力是安顿内在重要的角色。借由我、你、他三个视框移转的刻意练习,将有助于你脱离被焦虑完全掌控的状态。

这一篇,我带你通过"书写与视框移转法",让你与焦虑保持距离,进而消除被焦虑引发的困扰与影响。一个不易焦虑的人,会是个一致的人,除了内在感受与外在表达和谐之外,也是个有办法在乎自己、在乎他人与在乎情境的人。然而，当你被焦虑笼罩，则很可能无法三个状态都兼顾，在人际表达与互动间产生困扰，而人际情境的压力又更强化了焦虑，形成恶性循环。这时借由"后设认知"的能力，你将有机会重新检视内在历程，并从中加以微调，停下负向循环，很多成长与改变就从这里开始了。

> **Point of Lesson** 当你有能力看见，你就能够提醒自己停下来，更能够提醒自己转个方向。

修正内在声音：
"神明疗愈法"

> 负面的内在声音，容易引发强烈的焦虑不安，让你更容易出错，应验你对自己的认定。

这一篇，我会更深层地关注如何提升自我的稳定度，从自己的内在对话着手，修改导致你不安与焦虑的语言。当思考回路改变，就能正面影响心情，提升你的安全感。

当你做错事时，都会对自己说什么？

首先，有个问题想问问你：

你有没有注意到，当你觉得自己做错事时，都会对自己说些什么？

我在工作坊里，经常使用生活中常见的情境，去测试我们面对困境时，心中浮现的第一个念头与思维。在自己犯错时，你的第一个反应是什么呢？你会开始检讨自己吗？还是会开始自责，觉得怎么又来了？接着说："天哪！我就知道我什么事都做不好！"还是你会神经紧绷地准备防卫攻击，认为都是别人造成的？了解自己的焦虑来源，最重要的就是先细致地检视自己的思维。

在你从小到大的教养中，父母对待与管教你的方式、态度，以及面对你有情绪时他们的反应，再加上一路以来学校的学习经验，这些会一点一滴形塑与内化为你面对自己某些行为时，自然而然出现的内在声音和反应。其实我们面对内在很热闹、很嘈杂的声音，有时可能牵引出过往的伤痛、黑暗的经验，而让原本简单的一件事变得复杂，容易想太多。所以接下来，我会为你拆解内在声音的结构，也提供你可以调整内在声音的方式。

解析你的内在声音

接着，让我们试着解析你的内在声音。

一般而言，容易感到焦虑的人，内在声音往往可分为以下五种负面自我状态。

1. 自我批评："你真的很不会说话，你看，又惹别人生气了！"
2. 自我怀疑："你会应征上吗？会被录取吗？"
3. 自我否定："你一定会失败的！"
4. 自我挫败："没用了！没办法了！只能这样算了吧！"
5. 自我威胁："你做不到就死定了，还不赶快行动！"

这些声音，容易引发强烈的焦虑、不安，让你难以沉着面对事情，因此更容易出错，更容易应验你对自己的认定，也就是"我什么事都做不好"的假设。这些自我习性是经年累月、僵化又顽固的内在模式，因此在毫无觉察下，将使你更难摆脱焦虑状态。然而，当你可以辨识五种自我状态所引发的负面声音与内在回路，你就有机会削弱这些批评威胁的声音，转化内在，腾出更多空间拥有正向的力量。

我经常用一个比喻来形容人的人格状态：人格就像地球，在地球上有许多国家，而负面声音有时候就像某一个强势国家，声音特别大，似乎权力也特别大，但我们并不觉得它就能成为地球的代表。因此，这些自我批评也许特别喋喋不休，但它无法代表你的全部，只是你的一小部分。可是当你无力抵抗时，就很可能会让它的影响力覆盖全部，让其他部分的自己，成为强势主导下的难民，失去自由也没有自信。

这负面又强大的声音，往往是经年累月下来的模式，是你长期学习和模仿的结果，令它成为你的内在中像充满主导性大人的角色，让你的内在像是有个教官或仲裁的角色，也因此我称它为"内在大人"。但在很多人的经验里，当他们得以指认出此强势国家与内在大人的声音，也意识到它并不代表自己时，往往能松一口气，然后开始好好思考与认识自己。

修正内在声音的四个步骤

最后，我要带你通过四步骤帮助自己修正内在声音。

●第一步：辨识与命名"内在大人"

对于总是带来焦虑的内在大人，你可以辨认出它怀疑与指责的声音。请你想象，如果是一个人在对你说话，那他是什么样的形象？是谁会一直对你说"你一定会失败"？或者"你真的做得到吗？"这类挫败人的话语？

大部分的人会在形象化的过程感受到那就是父亲或母亲常对自己说的话，或者是某一任严厉又常带有言语霸凌的老师、主管，因此让个人的心智运作长期受困于当时的环境中。当生活中有新的挑战发生时，这些话语就容易阴魂不散地出现，操控你、弱化你、诅咒你，导致你真正应验这些话，进而更相信这些话的真实性。

有人会将自己的内在大人命名为《穿普拉达的女王》中的

"米兰达",有人则会命名为"判官",而这更能帮助你知觉到内在大人的凶恶感,降低被影响的幅度。

虽然内在大人是自己的一部分,你很难立刻移除这个声音,但你可以有意识地降低它的影响力。

●第二步:把"自我"与"内在大人"区隔开来

大部分的人都认为说出这些批评与责备话语的就是自己,而通过上一个步骤所学到最重要的一点在于,让你体认到心智运作是一个"长期被影响"的结果,因此你是经由大量学习与重复练习的过程,才会形塑出内在大人的存在。因为是长期影响的历程,因而你也能再次通过"有意识地练习"去覆盖过往的影响力。

所以在此步骤,请你意识到"自我",那个不断被"内在大人"影响,却不晓得可以长出力量、为自己伸张、不晓得可以拥有逻辑与思考力,去理解与分析"内在大人"话语的"自我"。大多数时候,面对内在大人的话语,你似乎只能毫无选择地被动接受,并且毫不迟疑地相信这令人痛苦的话语。

但当你开始去思考与检视,你就在与"内在大人"拉开距离。你将有机会重新选择,究竟要毫不迟疑地相信内在大人的言语,还是开始对来自外界评论所带来的影响力去捍卫与保护自己,保护"内在小孩"不受这些批评责难的声音干扰,让自我选择去调节,而不是痛苦地接受所有的批评。

●第三步：拥抱你的内在小孩

你我的内心，都有个等待被爱的孩子。即使随着年龄增长，我们内心渴望被爱与关注的心依旧存在，只是成年之后比较懂得用不同的方式满足，如工作的成就与社会投入。

当你可以回到内在，觉醒的"自我"可以体会"内在小孩"的感受；停下批判与指责的声音，你就能停止伤痛，好好安抚内心的焦虑。

当伤痛被释放与承接后，你的内在空间将会有效地扩展，你会感到释然并充满力量。

●第四步：同理回应内在大人

内在大人的声音之所以根深蒂固，往往因为它具有功能性，就像前面篇幅提到的三大焦虑基因，担心你会失败、失去或失联。

因此，你可以说："我理解你的忧虑，是因为不希望我变得失败、过得太糟，谢谢你的担心。"甚至更进一步说："你的这些忧虑是来自父亲吧？他小时候的贫困，让他必须没日没夜地拼搏，但现在的你不同了！"

最后，寻求内在大人的肯定与放手："请你相信我，我会对自己负责，也会用我的步调去做我想做的事。"

如此，你将能逐渐脱离这充满焦虑的内在声音。

神明疗愈法

还有另一种方法，我称为"神明疗愈法"。

我曾遇到过一个有忧郁和焦虑困扰的案主。那时他正陷入赶论文的焦虑中，向我倾诉着身旁的人都没写过论文，无法理解他的心情，一直催促他尽快完成论文，赶快去找工作。

他已经年届三十，但看着自己写不出来的论文，以及一直觉得自己写得逻辑很有问题，因此困在原地无法前进，经常找妈妈聊天诉苦；而妈妈也在束手无策之下，决定打包回娘家，要让案主好好"静下来想想"，这让已经非常焦虑的案主更加崩溃。

我问他："当你坐在书桌前，打开电脑看着论文时，你都对自己说什么？"

他说："我会想到，之前文献探讨没做完整，我就急着发问卷。当指导教授问我有没有理论依据时，我就说有，我都确认过了。可是资料全部搜集完后我才觉得，糟糕！我得出来的内容与结果跟前面兜不上，完蛋了！"

我继续问他："那面对这种焦虑，你都对自己说什么？"

他说："我就觉得我没想清楚啊！怎么这么不用心，很想要放弃不要再写了，写出来也没有价值，是不是干脆放弃这个学位好了？反正该学的我都学好了，还是去考公职算了！"

在硕士论文阶段，尤其是社会科学的研究，总是容易经历非常大的精神压力，因此撰写论文一事，是不论怎么样都会存

/危机调节机制/

$$危机 = \frac{压力（外在压力／内在压力）}{支持（外在支持／内在支持）}$$

在着巨大的压力。在此巨大压力下,你的支持系统就相对重要,这包括你的"内在支持力",以及"外在支持力",也就是社会支持系统,这包含了你的亲朋好友与主要依附对象。

在此个案中,母亲的离开让案主瞬间压力溃堤,而强化案主对自我的批评与怀疑,也同时降低内在支持力。我当下要求案主先采取减压措施,目前不要对论文做任何决定,也停止去思考工作与公职的选项,让生活只专注在一个选项上。

当一个人压力过大时,情绪会失去调节与缓冲的能力。一旦人感受到大脑与情绪的疲乏,就容易胡思乱想、无法动弹,思绪也会跳出容纳之窗外,因此要立即进入"危机调节机制"(请见上方公式),先让分子的"压力"降下来。

降低压力有以下四种方式。

1. 删：删除不必要的任务。焦虑容易使人多头马车进行,不只是焦虑,更容易导致你无法完成任何事,让焦虑不断恶性循环。

2. 减：减低与降低标准。若你原本总是设定在一百分,先降低至八十分。

3. 缓：延缓进度。将这个月底的进度,多延长一周。

4. 替：寻找他人代替进行。例如，如果他要写论文还要接送孩子，这段时间请他人协助接送，替自己分担压力。

因此，我提醒案主先"删"，删除脑中不必要的选项，不要为论文做任何决定。他只要找指导教授，因为教授才是真正可以提供他资源和支持的人。当他这么做，也能增加危机调节机制分母的"外在支持"。同时，我也要他进行"缓"的动作，在下一次见我之前，不需要有任何进度。

下一次，案主的心情比较平静且压力缓解后，我再与案主练习增加内在支持的方法。

我再一次邀请他想着自己坐在书桌前，打开电脑，进行自我对话。

他说："还是好抗拒，好不想面对论文。"

我说："没错，压力还是很大的，我们现在来想象一下，不论是精灵、天使或菩萨，来到你身旁陪着你，你觉得这时你们会有什么对话？"

他皱起眉头想了许久，感受到脑袋有点打结。

他说："我想他们可以什么都不用说，笑笑地看着我、陪着我就可以了。"

说完之后，他眼角泛泪，他也终于懂得，这正是他渴望从母亲身上获得的，她不一定要帮他解决任何事。他其实只是想确定自己不管是什么状态，母亲依旧可以微笑看着他，而他已经好久没有感受到家人对他的认可，这让他在极大的压力下，逐渐失去自信。

在接下来的日子里，每当他打开电脑，他就再一次使用"神明疗愈法"，感受到自己被微笑与温暖的眼神包围。这么一来，他在强化"内在支持"后，可以同时降低"内在压力"，也就是那个不断苛责与批判自己的声音，开始让进度可以回到轨道上。

很有可能在遍寻所有的形象后，你发现自己真正在寻找的，是心中理想的父亲和母亲，而这是你真正的父母无法达到的形象。最终我们需要在心中为自己打造理想父母，永恒地陪伴自己。当你的内在有了新的声音，你为自己修正原本那五种负面自我状态后，内心将感到平静、舒服，不再经常处于战斗状态，那么你也不会一直处于焦虑中了。

亲爱的，在所有的课程教学中，对学员而言最困难的，并非这些心理学知识的理解，而是自我觉察的瞬间，你如何帮助自己意识到在那0.1秒间，你脑中一闪而过的讯息？当你能开始抓出导致你焦虑的声音，并加以修正时，你将一步步稳定自我，成为充满安定与自信的人。

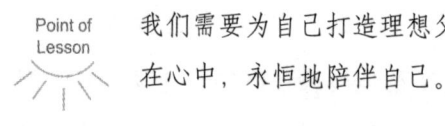

> Point of Lesson
>
> 我们需要为自己打造理想父母，
> 在心中，永恒地陪伴自己。

成为自己的英雄：
"拥抱内在小孩法"

> 和内在小孩对话，不只是安慰与怜悯，
> 而是一种看见与如实地接纳。

在本书最后一篇文章，我将与你谈谈，如何从内在与从过去经历中，去修正带来焦虑的记忆。

相信拥抱内在小孩这一词，你们并不陌生，在此我想要从理论与实务出发，让你可以更理解它操作的方式。

拥抱内在小孩的功能一：接纳自己

首先，我想与你聊聊，为什么要拥抱内在小孩？

有学员常问我:"与内在小孩对话有什么重要?听起来就很像是对自己的精神喊话。"

是啊!你可以这么说,但其实它有更深刻的意涵与效益在其中。一旦学会了对话,这个助益将持续在你的生活中帮助你,渡过大大小小的难关。

这样想吧,当你每一次感觉到心慌时,你都会做些什么?

焦躁地踱步?坐立难安?搜寻电话簿、微信群组、脸书?努力滑手机、追剧?拿起钱包去逛街又不小心刷卡太多?大多时候人们在面对焦虑跟不安时,就会努力做其他事情转移注意力,压抑负面感受。因为环境也这样教育着我们,不去想太多就不会有烦恼。但问题其实在于,因为有负面情绪存在,而让我们的脑袋无法好好安静下来,并非单纯想太多而已。

所以,与内在小孩对话,究竟可以怎么帮助你呢?

这过程的重要在于帮助自己降低焦虑与不安,让你对自己、对情境恢复一个正常与中性的认知水平。

当人处在焦虑状态下,容易过度担心自己会犯错,或者不断自责,因此隧道视野(Tunnel Vision Effect)会让人看不见自己的好,也更容易做出错误的判断。更可怕的是,因为个人视野的局限性,会让人专注在"避免犯错",或者专注在"赶快度过某个阶段",无暇顾及其他。

例如,在竞争焦虑中,你会焦急地想要一次学会很多东西,却无法学到精髓并且融会贯通,又觉得自己即将落后或输人一大截。在情感焦虑中，你会因为急着找人陪伴，而忽略关系已经岌岌可危，或者失去平衡，最后反而失去更多而懊悔不已。

在上一篇中，我们谈到"内在声音"，相信你们也意识到内心批评指责的声音会让人感到烦恼与焦虑。那些拒绝内在小孩的语言，会让你一步步拒绝所努力的一切，而不断把自己推向怎么做都不够好的结果，甚至怎么选择都是错误的困境里。因为当你对自己不满意，你很难对生活感觉轻松自在，甚或你总是觉得生活让你疲于奔命。

但当你降低焦虑后，其实就可以把专注力放在如何让事情做得更好了。当你完成每一次更好的结果，你会更喜欢也更满意自己。每一次想要学习时，你会更清楚地知道为什么学习，而不是害怕输给别人而学习。每一次与他人互动时，你会更懂得施与受的平衡，而不是一味地索取或付出。

亲爱的，和内在小孩对话，不只是安慰与怜悯，而是一种看见与如实地接纳。一种你就是你，我不会遗弃你的陪伴和理解；另一种你把自己当成自己最爱的孩子一般温柔地对待。因为只有你可以让自己变好，当你被自己说服与感动，在你手边完成的每一件事情，在你身边的每一个人，都能感受到你的自由与安在。你不会立刻没有烦恼，但你可以看见烦恼，并且与它共存；你不会立刻放开忧虑，但你可以看见忧虑，懂得调整自己；你不会立刻放开对他人的依赖，但你可以看见惯性，而逐渐回归内在。

在这部分，我谈的是透过与内在小孩对话，从而如何接纳自己的功能。

下一部分，我想谈的是拥抱内在小孩的另一个功能：改写伤痛的知觉。

拥抱内在小孩的功能二：改写伤痛的知觉

历史无法改变，但你可以改变对历史的感受、看法与知觉。

当你心中有一段深刻又难以面对的伤痛，它会引发痛苦与焦虑，也会引发恐惧与逃避，而让你经常觉得自己是弱小无助的。但在许多心理相关的研究中不断提及，其实已经有很多研究指出，人的记忆是可能被改写的。即便是两个已成年的个体，当要他们描述五年前发生的重大事件，都有可能在具体事件的描述上有所出入。

人的创伤记忆不一定完全符合事实，因为记忆有不断改写与重塑的可能。通过拥抱内在小孩的方法，可以让个人内在产生不同过往的记忆和崭新的主观经验。

你过往伤痛经验是否完整并不重要，重要的是，这个伤痛怎么影响你的想法，怎么刺激你的身体与情绪，导致你容易有自动化的防御机制。就像是你心慌时，就需要大吃大喝，感觉自己被填满；当有人对你大声说话时，你就会惊呆在原地，无法动弹。若你想改变伤痛的记忆，就需要改写身体与情绪层面的程序记忆，打断旧有的惯性与回路，提升到有能力后设认知，看得见自己的身心反应。

伤痛经验往往如同黑洞般，令人恐惧也让人感觉孤单；然而，在伤痛经验不处理或者长期压抑的情形下，又容易在日常生活中被各种感官经验给激发。

我来说一个故事，让你更理解伤痛经验的运作方式。

曾经在一次关系界限的课程中，学员洁西提到自己很怕冲突，不喜欢跟别人相处时有人不开心，所以经常在关系里成为讨好型的好好小姐，也因此在关系中经常吃亏、受委屈。她在课程中多次谈到各种不愉快的人际经验，我想了解让她这么不愿意清楚表达自己感受的原因，后来便问她，曾经有发生过哪一起重要事件吗？

洁西想了想说，她想起小时候曾经在一个雷雨交加的夜晚，她躺在自己的小床上，听到父母在房间外激烈地争吵。她知道妈妈已经准备好行李，再吵下去就要离家出走了。对她而言，那是一段极为可怕的经历，也对人际冲突与不愉快，印下充满恐惧与惊吓的烙痕。因为当下的她只能脆弱无助地躺在床上，什么事也做不了。

我问洁西，你觉得当时的自己怎么了？洁西回答我，她觉得父母好生气，她不知道他们在吵些什么，但她知道他们只要吵到不可开交，母亲就会准备离家出走。我再一次问她，你觉得当时的自己是什么感觉？她继续回答我，父母吵成这样，她实在不知道为什么他们要这么生气，她都可以想象大人的表情有多么狰狞。

我再一次呼唤洁西，她两次回答我时，说的内容都是别人，她看不见那个小小的自己。

这是在讨论重大情绪事件时，当事人非常容易有的反应，因为在惊恐的生死关头，大部分人的注意力都会在引发恐惧的人事物上，而忽略了当时的自己处于极大的无助不安里。也因为这股不安的存在，洁西只要看到冲突场景，就会再次诱发那埋藏在心中恐惧不安的阴影。即便她已经是成年人，还是在冲突情境里，不自觉地成为逃避害怕的孩子。

后来，洁西在我的提醒下，深吸了一口气。她能对过往画面描述得如此详细，意味着这事件带给她的惊恐仍无比深刻。我带着成年的她，再一次回到她童年的房门口，让她去面对当时躺在床上，惊恐又不知所措的自己。

我邀请洁西练习看向躺在床上的小女孩，并在心中呼唤自己的名字三次，一直到洁西可以清楚地看见与感受到儿时的自己为止。接着，洁西就开始自发行动，她说她走到小女孩床边，蹲了下来，轻声地对她说："你一定被他们吵架的声音吓坏了，不怕不怕，我在这儿。他们吵架不是你的错。没关系，让我陪着你。"她就陪在床边，直到幼时的自己平静下来。

这整个过程，不超过十分钟。具体来说，洁西对着童年经历伤痛的自己，她做到了几件事：

1. 看见情绪；

2. 安抚情绪；

3. 陪伴情绪。

当洁西离开童年的画面后，我邀请她，再一次回想与感受当时的画面，她给出很不一样的说法。她说："外面雷雨声好像变小了，而我当时躺的床，好像也没有陷得这么深了。"除此之外，她也感受到心中的释然。

拥抱内在小孩的作用，在于让内在力量改变对事物的知觉。像是你成为当时那位弱小自己的英雄，将自己从受伤、无助、惊吓害怕的状态中，把自己抱出来；成为自己生命里的那双大手，而不是殷殷期盼他人来拯救自己，或为过往的伤痛过度自责，因为这份等待容易成为生命中另一个不可控制的元素。

之所以要呼唤自己的名字，在于许多人在这个过程里看不见儿时的自己，内心不想看见那个"不光彩"的过往，更多人无法去接触儿时的自己，因为那个"不光彩"传递了羞耻的感受。当我们愿意让自己重新去看待和经历当时的情境，进到情境里用大人的姿态去安抚受惊吓的自己，我们就能从中获得许多力量。

洁西在引导的过程中尽管也有挣扎和抗拒，却依旧勇敢地接触儿时的自己，并且让自己有力量地陪伴在一旁，一直等到她内心感受到儿时的惊吓和焦虑平静下来。

亲爱的，相信你的一生已经经历过许多，你的人生可能曾经困顿过、迷惘过、无助过，而一路走到今日，其实你已经拥有与具备许多。只是因为偶尔被唤醒的那位无助的内在小孩，会让你的身心状态感觉再次被绑架而落入焦虑不安中。而现在，你要开始告诉自己，走入那个曾经无助的画面里，为自己遮风挡雨，为自己大声疾呼，给自己温暖倚靠的臂膀，给自己支持安慰的言语，或者牵起他的手，带他离开那个受惊吓的环境，成为内在小孩永恒的守护者。如此，你不只是自己的英雄，也将成为自己生命的掌舵者。

你可以安抚与平缓自己的情绪，你也可以掌握自己内在的语言与思维。当你将情绪与思维这两种最难掌握的内在状态都能掌握好时，你自然可以掌握自己的人生了，你就不再需要为安不安全的状态忧虑，因为，你可以掌握你自己了。

这本《走出关系焦虑》的内容，都在提醒你自我的稳定度，而自我的稳定度也建立在对自我认识的过程，以及透过自我对话与情绪支持的过程，让你可以安顿自己，并且不断保有内在对自己的相信和力量。希望你理解之后，不断在生活中练习，相信不久的将来，安全与安心便是你生活的常态。

Point of Lesson 你不会立刻没有烦恼，但你可以看见烦恼，并且与它共存；你不会立刻放开忧虑，但你可以看见忧虑，懂得调整自己。